中电联电力发展研究院

抽水蓄能电站项目后评价

张　琳　主　编

王秀娜　余贤华　喻　刚　副主编

中国建材工业出版社

图书在版编目（CIP）数据

抽水蓄能电站项目后评价/张琳主编．--北京：
中国建材工业出版社，2021.10
ISBN 978-7-5160-3296-1

Ⅰ.①抽… Ⅱ.①张… Ⅲ.①抽水蓄能水电站—项目
评价 Ⅳ.①TV743

中国版本图书馆 CIP 数据核字（2021）第 168888 号

抽水蓄能电站项目后评价
Choushui Xuneng Dianzhan Xiangmu Houpingjia
张　琳　主编

出版发行：中国建材工业出版社
地　　址：北京市海淀区三里河路 1 号
邮　　编：100044
经　　销：全国各地新华书店
印　　刷：北京鑫正大印刷有限公司
开　　本：710mm×1000mm　1/16
印　　张：9.25
字　　数：160 千字
版　　次：2021 年 10 月第 1 版
印　　次：2021 年 10 月第 1 次
定　　价：78.00 元

本社网址：www.jccbs.com，微信公众号：zgjcgycbs
请选用正版图书，采购、销售盗版图书属违法行为

本书如有印装质量问题，由我社市场营销部负责调换，联系电话：（010）88386906

本书编写人员

主　　编： 张　琳

副 主 编： 王秀娜　余贤华　喻　刚

参编人员： 郭永成　李雪娇　李东伟　周文冬　王艳波　郑小侠　李　艺

前　　言

项目后评价是投资项目周期的一个重要阶段，是项目管理的重要内容。项目后评价主要服务于投资决策，是出资人对投资活动进行监管的重要手段。项目后评价也可以为改善企业经营管理提供帮助。项目后评价一般是指项目建成投产后或交付使用后所进行的综合评价。

项目后评价最初始于20世纪30年代的美国，到20世纪60年代末各经济发达国家和国际金融组织已把项目后评价作为项目投资监督和管理的重要工具。我国项目后评价工作始于20世纪80年代中后期，经历了30多年的研究和实践，项目后评价的方法和理论体系已经日趋成熟，在众多的行业中得到广泛使用，项目后评价结论越来越成为投资决策的重要依据。

2010年，国家电网公司选择山东泰安、安徽琅琊山、浙江桐柏3个建成投运后的典型抽水蓄能电站项目进行经济评价，自此拉开了抽水蓄能电站行业后评价的序幕。10余年来，伴随着抽水蓄能电站装机规模的突飞猛进，抽水蓄能电站项目后评价也取得了长足的进步，已经初步形成了适用于我国国情的抽水蓄能电站项目后评价体系，在后评价工作的制度建设、人才培养、项目评价和成果应用等方面做了大量开创性工作。展望未来，我国政府承诺，力争2030年前碳达峰、2060年实现碳中和。作为目前电力系统中最可靠、最经济、寿命周期长、容量大、技术最成熟的储能装置，抽水蓄能电站启停灵活、反应迅速，具有调峰填谷、调频、调相、紧急事故备用和黑启动等多种功能，对于进一步加强清洁能源消纳，提升清洁能源比例，降低化石能源消耗、减少碳排放，进而实现“碳达峰、碳中和”具有重要意义，也必将迎来新一轮大规模发展。为使抽水蓄能电站项目后评价工作有更大的发展，推动提高抽水蓄能电站投资效益和决策水平、提升项目管理水平，助力实现碳达峰、碳中和目标做出更大贡献，中电联电力发展研究院（电力建设技术经济咨询中心）在系统总结我国抽水蓄能电站行业项目后评价工作实践的基础上，编写了《抽水蓄能电站项目后评价》一书。

本书共分为五章：第一章为项目后评价概述，对抽水蓄能电站项目后评价的基本知识进行介绍；第二章为项目后评价方法论，对抽水蓄能电站项目后评价的常用方法进行介绍；第三章为项目后评价工作组织与管理，重点介绍抽水蓄能电站项目后评价的工作组织流程、后评价成果主要形式和后评价成果应用方式；第四章为抽水蓄能电站项目后评价的内容，重点介绍抽水蓄能电站项目后评价的内容、要点和评价依据；第五章为抽水蓄能电站项目后评价实用案例。本书附录为抽水蓄能电站项目后评价报告大纲。

中电联电力发展研究院（电力建设技术经济咨询中心）在抽水蓄能电站项目后评价领域深耕多年，承担了行业内大多数抽水蓄能电站项目后评价业务，积累了丰富的理论和实践经验，引领了行业的发展。本书凝聚了一大批抽水蓄能电站项目后评价业务新老专家的智慧，希望本书能够对读者有所启发和帮助，我们将继续坚持“建设‘国内领先、国际一流’电力行业智库”的战略发展目标，努力践行“服务行业、贡献社会”的理念。限于编写组学识水平和认知能力，书中考虑不周与论述不足之处在所难免，恳请广大读者批评指正，帮助我们持续改进和不断完善。

中电联电力发展研究院
（电力建设技术经济咨询中心）
2021年4月于北京

目 录

第一章　项目后评价概述

第一节　项目后评价的概念

项目后评价是指在项目投资完成之后所进行的，对项目的投资目标、项目的实施过程、项目的投资效益、项目的作用和项目的影响等方面，按照不同的层次、内容和要求进行全面、系统、客观的分析和总结，并且与原计划目标进行对照，对其实施的合理性和有效性进行判断，从而得出经验和教训，并在此基础上提出相关的改进措施或建议，反馈给决策部门，以期改善项目的运营和管理水平，指导未来的决策活动。

项目后评价常见的评价内容如下：

1. 目标评价

目标评价一般是指对项目预计目标达成的程度，核对项目实现的情况与趋势，查看目标所实现的程度，分析项目实施中所发生的变化，并对项目实施前所预计的目标是否科学、合理及是否具备可实施性进行分析评价，包括项目实施情况、投资回收情况等。项目实施情况衡量的是项目初期提出项目开发的规模、经营目标与收益目标等内容的实现情况，主要是通过预计目标偏离度指标对项目进行评价，偏离度指标中包括规模偏离度、经营目标偏离度和收益目标偏离度等。投资回收情况主要考核的是项目实际完成的投资额与项目完成后的收益情况之间的差异，主要通过项目投资完成目标偏离度对项目进行评价，其中包括投资完成时状况与立项批复、设计时的差异。

2. 过程评价

对过程的评价主要包括实施依据评价、建设施工评价和生产经营评价等。过程评价是针对项目实施过程中全部环节的评价，其中包括管理水平和效率及过程合规性的综合性评价。实施依据评价通过对所评价项目建设过程中是否具备短期规划收益性和长期规划的可持续性、决策过程是否符合流程的合规性、相关手续是否齐备、完善等进行评价。建设施工评价则是利用该项目建设施工费用的控制程度来评价考核项目的工程花费总额是否准确控制在项目预计费用之内；通过项目完工时的质量状况来评价考核项目是否存在施工质量问题，是否属于可修复的质量问题，该问题对项目实施功能的影响程度；通过项目建设完成度来评价该项目是否存在尚未完成或需要改善的环节，是否影响了项目竣工后的运营，通过项目工程决算与资产的交付情况来评价考核项目建设完成后，办理项目工程决算和资产交付的时间是否存在问题、项目决算是否基本符合国家财务会计制度要求、手续是否完备等。生产经营评价主要包括生产准备工作评价、项目运行状况评价、使用情况评价等。

3. 效益评价

效益评价是通过测算项目内的各个关键指标，对项目前所预计的指标及实际运行后的效益指标进行具体的比较分析，并对项目持续效益的状况做出预判，主要包含营利性指标与非营利性指标。营利性指标主要是对可营利的项目进行财务评审，其中常包括的类别有项目动态的内部收益率、投资回收时间及净现值等。非营利性指标则主要是针对非营利性项目来说的，可分析其产生的有利影响，以此来确定项目非经济效益、间接效益等，并分析其社会效益，以及对社会、政治、经济、环境、人文等各个方面所产生的影响，也可视为项目产生的一种社会效益，包括间接效益指标、花费效益指标。

4. 可持续评价

项目的可持续评价常见的是分析项目持续发展及对开发方长期影响等

方面所带来的效益的可能性。根据项目发展状况，对项目的可持续性进行合理评价，提示项目将要面临的市场风险、财务风险和政策风险等。从项目内外部环境的不同等多方面来评价项目整体的可持续发展能力，其中包括收益趋势及发展趋势的财务指标分析、技术与管理可持续发展分析、市场可持续发展分析、政策未来发展分析等。

项目后评价是在项目竣工验收投产后进行的，目的是总结经验教训，以改进决策和管理、提高投资效益。具体来说，项目后评价具有以下特点：

1. 现实性

项目后评价分析是对项目实际情况的研究，所用到的数据、资料都是实际发生的真实数据或根据实际情况重新预测的数据，分析该项目存在的问题或不足，提出实际可行性的对策，改善该项目的管理水平，提高新项目的决策水平。

2. 全面性

在进行项目后评价时，不仅要分析项目投资过程，还要分析经营过程；不仅要分析项目投资的经济效益，还要分析项目的社会效益、环境效益，以及项目的运营管理状况和发掘项目的潜力。

3. 探索性

项目后评价的目的是对现有情况进行总结和回顾，反馈信息，以改善该项目的管理水平，为新项目的建设提供依据和借鉴，提高投资效益，并及时发现该项目中存在的问题、研究解决问题的方法，从而对未来的发展方向、发展趋势进行探索。因而要求项目后评价人员具有较高的素质和创造性，抓住影响项目的主要因素，并为该项目提出切实可行的改进措施。

4. 反馈性

项目后评价的最终目标是将评价结果反馈到决策部门，作为新项目立项和评估的基础，以及调整投资规划和政策的依据。如果评价结果不能反馈到决策部门，项目后评价就等于没有发挥效用，无法达到提高投资效益的目的。

5. 合作性

项目后评价涉及范围广，参与人员多，工作难度大，因此，有关各方和人员需要通力合作，齐心协力，项目后评价工作才能顺利完成。

第二节　项目后评价的起源与发展

项目后评价作为公共项目部门管理的一种工具，其基本原理产生于20世纪30年代、处于经济大萧条时期的美国，主要是对由政府控制的新分配投资计划所进行的后评价。1936年，美国颁布了《全国洪水控制法》，正式规定运用成本-效益分析方法评价洪水控制项目和水资源开发项目。到20世纪70年代中期，项目后评价才慢慢被许多国家和世界银行在其资助活动中使用。迄今为止，项目后评价已得到众多国家及国际金融组织越来越多的重视与应用。

项目后评价理论的发展主要可以分为以下3个时期：

第1个时期是1830—1930年——产生与发展阶段。古典派经济学者从亚当·斯密到米歇尔基本上都集中对私有企业追求最高利润的行为进行分析；而富兰克林是最早使用费用-效益分析方法来进行项目评价的；1844年，法国工程师杜皮特发表论文《公共工程项目效用的度量》，首次提出消费者剩余和公共工程社会效益的概念。

第2个时期是1931—1968年——传统社会费用-效益方法的发展与应用阶段。代表方法是基于福利经济学和凯恩斯理论的社会费用-效益分析方法；1960年以前，传统的成本-效益分析法在美国水利和公共工程领域得到应用与初步发展，而在1960年以后，成本-效益分析方法在方法上进一步深化和完善。对它的应用从公共工程部门开始向农业、工业和其他经济部门发展，并向欧洲和发展中国家推广。在发展中国家，项目评价引起了人们的极大兴趣，并取得了显著的改进。

第 3 个时期是从 1969 年至今——新方法产生与应用阶段。1971 年，联合国工业发展组织在《项目评估指南》中提出新方法；1980 年，联合国工业发展组织又出版了《工业项目评价手册》一书，并提出以项目对国民收入的贡献作为判断项目价值的标准；目前，项目评价理论已得到世界各国越来越广泛的重视，并成为西方发达国家及一些发展中国家管理过程中必不可少的一部分，而且国外项目评价已经形成较为完善的体系。

美国是全球项目后评价发展最早、最快的国家之一。20 世纪 30 年代，美国为监督国会“新政”政策实施效果，产生了项目后评价的雏形。20 世纪 60 年代，美国在“向贫困宣战”中投入巨额公共资金，使项目后评价快速发展，并逐步推广到地方和企业，促进了项目后评价理论及其体系在国际金融组织和世界各国项目投资监督与管理中的广泛应用。大部分发达国家在其国家预算中有一部分资金用于向第三世界投资，为了保证该项资金使用的效果，各国会在项目后评价部门中设立了一个相对独立的办公室专门用来从事对海外援助项目的后评价。

目前，世界各地的后评价机构主要是对国家预算、计划和项目进行评价。随着全球社会与经济发展的变化，各国在后评价机构中设置了各种法律法规、明确的管理运行机制、行之有效的方法与程序。在美国，项目后评价范围先开始仅限于国家，后来慢慢走向地方，并且在其他性质企业中也逐步增强。

我国在 20 世纪 80 年代中后期引入项目后评价，由国家计划委员会（现为国家发展和改革委员会）首先提出开展项目后评价工作，并选择部分项目作为试点，同时委托中国人民大学开展项目后评价理论、方法的研究。自此，国家各部门开始相继重视项目后评价，国家各部委、各行业部门、各高等院校及研究机构陆续承担起国家主要项目的后评价工作。我国相关部门和单位出台的项目后评价文件如表 1-1 所示。

表 1-1　我国相关部门和单位出台的项目后评价文件

时间	部门/单位	项目后评价文件名称
1988 年	国家计划委员会	《关于委托进行利用国外贷款项目后评价工作的通知》
1991 年	国家计划委员会	《国家重点建设项目后评价工作暂行办法（讨论稿）》
	国家审计署	《涉外贷款资助项目后评价办法》
1992 年	中国建设银行	《中国人民建设银行贷款项目后评价实施办法（试行）》
1993 年		《贷款项目后评价实用手册》
1996 年	国家计划委员会	《国家重点建设项目管理办法》
	交通部	《公路建设项目后评价工作管理办法》
2002 年	国家电力公司	《关于开展电力建设项目后评价工作的通知》
2004 年	国务院	《国务院关于投资体制改革的决定》
2005 年	国资委	《中央企业固定资产投资项目后评价工作指南》
2008 年	发展改革委	《中央政府投资项目后评价管理办法（试行）》
2014 年	国资委	《中央企业固定资产投资项目后评价工作指南》
2014 年	国家发展改革委	《中央政府投资项目后评价管理办法和中央政府投资项目后评价报告编制大纲（试行）的通知》

经过 30 多年的发展，由于各部门项目后评价工作的组织和开展，相应的后评价方法也得到制定，学术界一直在做相关研究并取得一定的成果。在参考国际有关组织的后评价工作与方法及其他评价方法的基础上初步形成我国自己的后评价体系，并且许多中央大型企业都设立了投资项目后评价工作管理的兼职和专职机构，已经或正在编制自己行业或企业具体的投资项目后评价实施细则和操作规程。

第三节　中国抽水蓄能电站项目后评价的发展历程

我国电力工程后评价工作是在 1988 年，由国家计划委员会在吸收、消化国外发达国家经验的基础上确定的，并在 1990 年 1 月起草发布了《关于开展 1990 年国家重点建设项目后评价工作的通知》（计建设〔1990〕54 号）。

为统一水利建设项目后评价报告的主要内容和深度，2001 年，由水利部建设与管理司主持，水利建设与管理总站开始组织《水利建设项目后评价报告编制规程》的制定工作；2002 年 12 月，完成征求意见稿，并向全国各流域机构、省级水行政主管部门及有关单位征求意见；2003 年 4 月，根据各地反馈意见，修改后形成了送审稿；2003 年 7 月，水利部建设与管理司召开送审稿专家审查会；2004 年 3 月，根据专家的意见和建议，修改后形成报批稿；2010 年 2 月，水利部印发了《水利建设项目后评价管理办法（试行）》（水规计〔2010〕51 号），水利建设与管理总站组织专家对报批稿的部分内容进行了修订；2010 年 3 月，水利部规划计划司和建设与管理司组织专家对修订后的报批稿进行了审查；2011 年 6 月，出版了《水利建设项目后评价报告编制规程》。

2010 年，为提高抽水蓄能项目投资决策水平，国家电网公司选取了山东泰安、安徽琅琊山、浙江桐柏 3 个建成投运后的典型抽水蓄能电站项目进行经济评价，从而拉开了抽水蓄能电站行业后评价的序幕。随后，国家电网公司于 2013 年开展了山东泰安抽水蓄能电站、安徽琅琊山抽水蓄能电站、浙江桐柏抽水蓄能电站、江苏宜兴抽水蓄能电站、河北张河湾抽水蓄能电站 5 个抽水蓄能电站项目的后评价工作；2015 年开展了河南宝泉抽水蓄能电站、湖北白莲河抽水蓄能电站、山西西龙池抽水蓄能电站 3 个抽水蓄能电站项目的后评价工作。2018 年，为规范国家电网公司所属抽水蓄能电站项目后评价工作的开展时机、原则、内容、组织管理、工作程序和报告编制要求，国家电网公司研究制定了“国网企标”《抽水蓄能电站项目后评价技术标准》（Q/GDW 11860－2018）。2019 年国家电网公司开展了湖南黑麋峰抽水蓄能电站、福建仙游抽水蓄能电站、辽宁蒲石河抽水蓄能电站 3 个抽水蓄能电站项目的后评价工作；在 2020 年，又开展了浙江仙居抽水蓄能电站、安徽响水涧抽水蓄能电站、江西洪屏抽水蓄能电站 3 个抽水蓄能电站项目的后评价工作。

南方电网公司于 2018 年在南方电网公司系统内选择广东惠州抽水蓄能电站作为典型项目进行抽水蓄能电站项目后评价试点工作。随后，南方电网公司于2019年、2020年开展了广东清远抽水蓄能电站、海南琼中抽水蓄能电站两个抽水蓄能电站的项目后评价工作。

内蒙古电网公司于2020年针对该系统内唯一在运的抽水蓄能电站——内蒙古呼和浩特抽水蓄能电站开展了项目后评价工作。

随着三大电网公司陆续开展抽水蓄能电站项目后评价，为抽水蓄能电站项目后评价的有序高效开展提供了依据，使抽水蓄能电站项目后评价工作更加完善。

第二章　项目后评价方法论

第一节　调查收集资料方法

调查收集资料和数据采集的方法有很多，包括资料搜集法、现场观察法、访谈法、专题调查会、问卷调查、抽样调查等。一般视工程项目的具体情况、后评价的具体要求和资料收集的难易程度，选用适宜的方法。在条件许可时，往往采用多种方法对同一调查内容相互验证，以提高调查成果的可信度和准确性。

工程收集资料是项目后评价的重要基础工作，有时需要多次收集资料并对资料的完整性和准确性进行确认。工程后评价工作方案确定后，根据工程项目的特点制定工程资料收集表，在现场收集资料期间需要逐条确认。

一、资料搜集法

资料搜集法是一种通过搜集各种有关经济、技术、社会及环境资料，选择其中对后评价有用的相关信息的方法。对抽水蓄能电站项目后评价而言，工程前期资料及报批文件、工程建设资料、工程招投标文件、监理报告、工程调试资料、工程竣工验收资料、设备运行资料和相关财务数据等都是后评价工作的重要基础资料。

二、现场观察法

通常，后评价人员应到项目现场实地考察，如到集控车间对比相关数据与生产月报是否相符、环境实时检测记录、设备维护保养情况等，从而发现实际问题，客观地反映项目实际情况。

三、访谈法

访谈法是通过访员和受访人面对面地交谈来了解受访人的心理和行为心理学的基本研究方法之一。访谈以一人对一人为主，但也可以在集体中进行。访谈也是一种直接调查方法，有助于了解工程涉及的较敏感的经济、技术、环境、社会、文化、政治等方面的问题。更重要的是直接了解访谈对象的观点、态度、意见、情绪等方面的信息。例如，抽水蓄能电站项目对社会影响和社会公平等的调查可以采用访谈法。

四、专题调查法

针对后评价过程中发现的重大问题，邀请有关人员共同研讨、揭示矛盾、分析原因。要事先通知会议的内容，提出探讨的问题。各个部门的人员在会上从不同角度分析问题产生的原因，从而有助于项目后评价人员了解到从其他途径很难得到的信息。例如，对建设过程中的一些重大安全事故和质量事故，运行过程中的停机等故障可以采用专题调查法。

五、问卷调查法

问卷调查法亦称“书面调查法”或称“填表法”，是用书面形式间接搜集研究材料的一种调查手段。问卷调查法通过向调查者发出简明扼要的征询单(表)，请求填写对有关问题的意见和建议来间接获得材料和信息，要求全体被调查者按事先设计好的意见征询表中的问题和格式回答所有同样的问题，是一种标准化调查。问卷调查法所获得的资料信息易于定量，便于对比。

第二节　市场预测方法

所谓市场预测，就是运用科学的方法，对影响市场供求变化的诸因素进行调查研究，分析和预测其发展趋势，掌握市场供求变化规律，为经营决策提供可靠的依据。在抽水蓄能电站项目后评价工作中，我们需要对影响项目可持续性的宏观经济形势、区域电力负荷预测（短期和中长期预测）、其他用电行业的发展趋势等因素做出科学准确的预测，把握经济发展或者未来市场变化的有关动态，减少未来的不确定性，降低决策可能遇到的风险，使决策目标得以顺利实现。

市场预测的方法一般可以分为定性预测和定量预测两大类。

一、定性预测法

定性预测法也称为直观判断法，是市场预测中经常使用的方法。定性预测法主要依靠预测人员所掌握的信息、经验和综合判断能力，预测市场未来的状况和发展趋势。这类预测方法简单易行，特别适用于那些难以获取全面资料进行统计分析的问题。因此，定性预测法在市场预测中得到了广泛的应用。

二、定量预测法

定量预测法是利用比较完备的历史资料，运用数学模型和计量方法来预测未来的市场需求。定量预测基本上分为两类：一类是时间序列模式，另一类是因果关系模式。

定量预测的方法很多，主要有以下两种：

1. 趋势外推法

用过去和现在的资料推断未来的状态，多用于中、短期预测，有时间序列的趋势线分析和分解法、指数平滑法、鲍克斯-詹金斯模型、贝叶斯模型等。

2. 因果和结构法

通过找出事物变化的原因及因果关系预测未来，有回归分析、一元线性回归方程模型和联立方程模型、模拟模型、投入产出模型、相互影响分析等。

第三节 对比分析方法

数据或指标对比是后评价分析的主要方法，常用于单一指标的比较。根据是否量化，对比分析可分为定量分析和定性分析两种。根据对比方式的不同，对比分析包括有无对比分析、前后对比分析和横向对比分析等。

在项目后评价中，宜采用定量分析和定性分析相结合，以定量计算为主、定性分析为补充的分析方法。与定量计算一样，定性分析也要在可比的基础上进行“设计效果”与“实际效果”对比分析和“有工程”与“无工程”的对比分析。

一、量化维度对比分析法

1. 定量分析法

定量分析法是指运用现代数学方法对有关的数据资料进行加工处理，建立能够反映有关变量之间规律性联系的各类预测模型的方法体系。凡是能够采用定量数字或定量指标表示其效果的方法，统称为定量分析法。

2. 定性分析法

定性分析法亦称“非数量分析法”，主要依靠预测人员丰富的实践经验及主观的判断和分析能力，推断出事物的性质、优劣和发展趋势的分析方法。这类方法主要适用于一些没有或不具备完整的历史资料和数据的事项。在抽水蓄能电站项目后评价中，有些指标如宏观经济态势、管理水平、拆迁移民影响等指标一般很难定量计算，只能进行定性分析。

二、方式维度对比分析法

对比分析法是后评价的主要分析方法，也叫比较分析法，是通过实际数与基数的对比来提示实际数与基数之间的差异，借以了解经济活动的成绩和问题的一种分析方法。对比分析法包括有无对比法、前后对比法和横向对比法。

1. 有无对比法

有无对比法是通过比较有无项目两种情况下投入物和产出物可获量的差异，识别项目的增量费用和效益。其中“有”“无”是指“未建项目”和“已建项目”，有无对比的目的是度量“不建项目”与“建设项目”之间的变化。通过有无对比分析，可以确定项目建设带来的经济、技术、社会及环境变化，即项目真实的经济效益、社会效益和环境效益的总体情况，从而判断该项目对经济、技术、社会、环境的作用和影响。对比的重点是要分清项目的作用和影响与项目以外因素的作用和影响。对比分析法的关键是要求投入的代价与产出的效果口径一致，亦即所度量的效果要真正归因于项目。

2. 前后对比法

前后对比法是项目实施前后相关指标的对比，用以直接估量项目实施的相对成效。一般情况下，前后对比是指将项目实施之前与完成之后的环境条件及目标加以对比，以确定项目的作用与效益的一种对比方法。在项目后评价中，则是指将项目前期的可行性研究和评估等建设前期文件对技术、经济、环境及管理等方面的预测结论与项目的实际运行结果相比较，以发现变化和分析原因。例如，项目建设前期关于环境影响方面需要编制环境影响报告书，工程竣工后需要根据实际测量结果出具环境影响验收报告。这两组数据一个是建设前的预测数据，另一个是建设后的实际数据，这种对比用于揭示计划、决策和实施的质量，是项目过程评价应遵循的原则。对抽水蓄能电站项目，外部经济环境、自然环境、市场竞争环境、技术环境及人力资源环境在项目建设前后都会发生变化，都会直接或间接影响项目的输出效果。因此，前后对比法作为有无对比法的辅助分析方法，有利于反映项目建设的真实效果与预期效果的差距，有利于进一步分析变化的原因，提出相应的对策和建议。

3. 横向对比法

横向对比法是指同一行业内类似项目相关指标的对比，用以评价企业（项目）的绩效或竞争力。横向对比一般包括标准对比和水平对比。标准对比可发现项目建设和运行数据是否符合行业标准和国家标准，是否符合国家或行业行政审批、环境保护等政策、法规和标准。水平对比主要是为了更好地评价项目的技术先进性，需要与相同容量等级的类似工程的技术、经济、环境和管理等方面的指标进行对比，如发电电量、抽水电量、可用小时数、发电运行小时数、抽水运行小时数、机组等效可用系数等。除了需要进行行业对比外，还应与国际先进指标对比，发现差距和不足，以提出进一步改进的措施。

第四节　综合评价方法

项目后评价在对经济、社会、环境效益和影响进行定量与定性分析评价后，还需进行综合评价，求得工程的综合效益，从而确定工程的经济、技术、社会、环境总体效益的实现程度和对工程所在地的经济、技术、社会及环境的影响程度，得出项目后评价结论。项目后评价的综合评价方法有项目成功度评价法和多属性综合评价法。

一、项目成功度评价法

项目后评价需要对项目的总体成功度进行评价，即项目成功度评价。成功度评价法是后评价常用的综合评价方法，项目成功度评价是指依靠评价专家的经验，综合后评价各项指标的评价结果；或者用打分的方法，对项目的成功度做出定性结论。后评价根据项目实际情况，在判定项目成功度时，对指标赋权和多属性综合评判常用的方法有层次分析法、模糊综合评价方法和基于数据处理智能评价方法。该方法需对照项目可行性报告和前评估所确定的目标和计划，分析项目实际实现结果与其差别，以评价项目目标的实现程度。在做项目成功度评价时，要十分注意项目原定目标合理性、可实现性及条件环境变化带来的影响并进行分析，以便根据实际情况评价项目的成功度。

成功度评价是依靠评价专家或专家组的经验，对照项目立项阶段及规划设计阶段所确定的目标和计划，综合各个指标的评价结果，对项目的成功程度做出定性的结论。成功度评价是以用逻辑框架法分析的项目目标的实现程度和经济效益分析等方法的评价结论为基础，以项目的目标和效益为核心，所进行的全面系统的评价。

成功度评价法的关键在于要根据专家的经验建立合理的指标体系，结合项目的实际情况，并采取适当的方法对各个指标进行赋权，对人的判断进行数量形式的表达和处理，也可以防止决策者对某类问题出现前后矛盾的主观判断。常用的赋权法有主观经验赋权法、德尔菲法、两两对比法、环比评分法、层次分析法等。

1. 项目成功度的标准

项目后评价的成功度可以根据项目的实现程度，定性分为 5 个等级：完全成功、基本成功、部分成功、不成功、失败（表 2-1）。

表 2-1　工程项目后评价成功度标准

评定等级	成功度	成功度标准	分值（分）
A	完全成功	·项目的各项目标都全面实现或超过； ·相对成本而言，取得巨大的效益	80～100
B	基本成功	·项目的大部分目标已经实现； ·相对成本而言，达到了预期的效益和影响	60～79
C	部分成功	·项目实现了原定的部分目标，相对成本而言，只取得了一定的效益和影响； ·项目在产出、成本和时间进度上实现了项目原定的一部分目标，项目获投资超支过多或时间进度延误过长	40～59
D	不成功	·项目在产出、成本和时间进度上只能实现原定的少部分目标； ·按成本计算，项目效益很差或难以确定； ·项目对社会发展没有或只有极小的积极作用或影响	20～39

续表

评定等级	成功度	成功度标准	分值（分）
E	失败	·项目原定的各项目标基本上都没有实现； ·项目效益为零或负值，对社会发展的作用和影响是消极或有害的，或项目被撤销、终止等	0～19

2. 项目成功度的测定

项目成功度是通过成功度表来进行测定的，成功度表里设置了评价项目的主要指标。在评价具体项目的成功度时，不一定要测定所有的指标。评价者需要根据项目的类型和特点，确定表中的指标和项目相关程度，将它们分为“重要”“次重要”“不重要”3类，在表中项目相关重要性中填写。一般对“不重要”的指标不用测定，只需测定重要和次重要的指标，根据项目具体情况，一般项目实际测定的指标选在10项左右。

在测定指标时采用评分制，可以按照项目成功度评定标准的第1至第5的5个级别分别用A、B、C、D、E表示。通过指标重要性分析和各单项成功度的综合，可得到项目总的成功度指标，也用A、B、C、D、E表示，填入表格最下面一行的“项目总评”栏内。

项目成功度评价法使用的表格是根据项目后评价任务的目的与性质确定的，我国各个组织机构的表格各有不同，表2-2为国内比较典型的项目成功度评价分析表。

表2-2　成功度评价

序号	评定项目指标	项目相关重要性	评定等级
1	宏观目标和产业政策		
2	决策及其程序		
3	布局与规模		
4	项目目标及市场		
5	设计与技术装备水平		
6	资源和建设条件		

续表

序号	评定项目指标	项目相关重要性	评定等级
7	资金来源和融资		
8	项目进度及其控制		
9	项目质量及其控制		
10	项目投资及其控制		
11	项目经营		
12	机构和管理		
13	项目财务效益		
14	项目经济效益和影响		
15	社会和环境影响		
16	项目可持续性		
17	项目总评		

二、多属性综合评价法

综合评价要解决3个方面的问题：首先是指标的选择和处理，即指标的筛选、指标的一致化和无量纲化；其次是指标的权重计算；最后是计算综合评价值。

综合评价是指对被评价对象所进行的客观、公正、合理的全面评价。如果把被评价对象视为系统的话，上述问题可抽象地表述为：在若干个（同类）系统中，如何确认哪个系统的运行（或发展）状况好，哪个系统的运行（或发展）状况差，这是一类常见的所谓综合判断问题，即多属性（或多指标）综合评价问题（The Comprehensive Evaluation Problem）。对有限多个方案的决策问题来说，综合评价是决策的前提，而正确的决策源于科学的综合评价。甚至可以这样说，没有（对各可行方案的）科学的综合评价，就没有正确的决策。因此，多属性综合评价的理论、方法在管理科学与工程领域中占有重要地位，已成为经济管理、工业工程及决策等领域中不可缺少的重要内容，且有着重大的实用价值和广泛的应用前景，由此可见综合评价的重要性（特别是针对那些诸如候选人排队、重大企业方案的选优等问题，更是如此）。

（一）构成综合评价问题的要素

1. 被评价对象

同一类被评价对象的个数要大于1，可以假定被评价的对象或系统分别计为 s_1，s_2，…，s_n（$n>1$）。

2. 评价指标

各系统的运行（或发展）状况可用一个向量 x 表示，其中每一个分量都从某一个侧面反映系统的现状，故称 x 为系统的状态向量，它构成了评价系统运行状况的指标体系。每个评价指标都是从不同的侧面刻画系统所具有某种特征大小的度量。评价指标体系的建立，要视具体评价问题而定，这是毫无疑问的。但一般来说，在建立评价指标体系时，应遵守的原则是系统性、科学性、可比性、可测取（或可观测）性、相互独立性。不失一般性，设有各项评价指标并依次记为 x_1，x_2，…，x_m（$m>1$）。

3. 权重系数

相对于某种评价目的来说，评价指标之间的相对重要性是不同的。评价指标之间的这种相对重要性的大小，可以用权重系数来刻画即权重系数确定得合理与否，关系到综合评价结果的可信程度。

4. 综合评价模型

所谓多属性（或多指标）综合评价，就是指通过一定的数学模型（或算法）将多个评价指标值“合成”为一个整体性的综合评价值。获得 n 个系统的评价指标值 $\{x_{ij}\}$（$i=1, 2, \cdots, n$；$j=1, 2, \cdots, m$）构造的评价函数通常表示为

$$y=f(\omega, x) \tag{2-1}$$

式中，$\omega=(\omega_1, \omega_2, \cdots, \omega_m)^{\mathrm{T}}$ 为指标权重向量，$x=(x_1, x_2, \cdots, x_m)^{\mathrm{T}}$ 为系统的状态向量。

由式（2-1）可求出各系统的综合评价值 $y_i=f(w, x_i)$，$x_i=(x_{i1}, x_{i2}, \cdots, x_{im})^{\mathrm{T}}$ 为第 i 个系统的状态向量（$i=1, 2, \cdots, n$），并根

据 y_i 值的大小（由小到大或由大到小）将这 n 个系统进行排序或分类。

（二）常用的评价指标的处理方法

可持续发展的评价指标可以分为两大类：定性指标和定量指标。其中，定性指标是难以量化的指标，如政治及经济环境、企业管理水平、企业的文化影响等指标，难以进行量化比较或测量。对定量指标，由于量纲不同，很难建立统一的评价标准，需要进行无量纲化使各个指标能在一个统一的平台进行计算。

1. 定性指标的量化

在可持续发展的指标中有一些是定性指标，需要量化。量化方法有许多，常用的是运用模糊综合评价原理来进行无量纲化，模糊综合评价原理如下：

对难以用精确的语言表述的指标，可以应用模糊综合评价，假设用因素集 $U=(u_1, u_2, \cdots, u_n)$ 来刻画事物，从每个因素的角度（对该事物）可得到一个评价，用 $V=(v_1, v_2, \cdots, v_m)$ 表示，它们的元素个数和名称均可根据实际问题由人们主观规定。对每个 u_i 进行综合评判，构造判断矩阵：

$$R=\begin{bmatrix} r_{11} & r_{12} & \cdots & r_{1m} \\ r_{21} & r_{22} & \cdots & r_{2m} \\ \vdots & \vdots & \vdots & \vdots \\ r_{n1} & r_{n2} & \cdots & r_{nm} \end{bmatrix} \tag{2-2}$$

确定各指标的权重集 $A=(a_1, a_2, \cdots, a_n)$，因为对 m 种评价是不确定的，所以综合评判应是 V 上的一个模糊子集：$B_1=A \cdot R=(b_{11}, b_{12}, \cdots, b_{1m})$。对 B 进行归一化处理，得到 $B_2=(b_{21}, b_{22}, \cdots, b_{2m})$，其中：

$$b_{2j}=\frac{b_{1j}}{\sum_{j=1}^{m} b_{1j}} \tag{2-3}$$

此结果为一向量，它反映了评价对象在 v_1，v_2，…，v_m 上的隶属度，为了得到总目标的综合评价，往往要将向量化为点值，如采用模糊向量单值化方法，给每个等级赋分值，将其用 1 分制数量化，然后用 B 中对应的隶属度将分值加权平均，获得点值。一般来说，定量指标的量化为避免主观判断所引起的失误，增加定性指标的准确性可采用语义差别隶属度赋值方法，将定性指标分成 1～5 个档次——很好、较好、一般、较差、很差，并对每个档次内容所反映指标的趋向程度提出明确、具体的要求，建立各档次与隶属度之间的对应关系。根据对应关系将指标评价值定为 100、90、75、60、40 五等。

2. 指标的一致化

对极小型指标，令

$$x'_{ijk}=M_{ij}-x_{ijk} \tag{2-4}$$

对居中型指标，令

$$x'_{ij}=\begin{cases}\dfrac{2\ (x_{ij}-m_{ij})}{M_{ij}-m_{ij}},\ \text{if}\quad m_{ij}\leqslant x_{ij}\leqslant\dfrac{M_{ij}+m_{ij}}{2}\\[2ex] \dfrac{2\ (M_{ij}-x_{ij})}{M_{ij}-m_{ij}},\ \text{if}\quad \dfrac{M_{ij}+m_{ij}}{2}\leqslant x_{ij}\leqslant M_{ij}\end{cases} \tag{2-5}$$

式中，i 和 j 代表指标的阶数，x_{ij} 为测量值，M_{ij}、m_{ij} 分别为指标的允许上下限或测量样本的极大值和极小值，x'_{ij} 为 x_{ij} 一致化的结果。

3. 指标的无量纲化

测量指标 x_1，x_2，…，x_m 之间由于单位或量级的不同而存在着不公度性，需要对评价指标做无量纲化处理。无量纲化也叫作指标数据的标准化、规范化。它是通过数学变换来消除原始指标单位影响的方法。常用的方法有标准化法、极值处理法、功效系数法。

（1）标准化法。即取

$$x_{ij}^{*}=\frac{x_{xj}-\bar{x}_j}{s_j} \tag{2-6}$$

显然 x_{ij}^{*} 的（样本）平均值和（样本）均方差分别为 0 和 1，x_{ij}^{*} 称为标准观测值。式中，$\bar{x}_j$、s_j（$j=1$，2，…，m）分别为第 j 项指标观测值的（样本）平均值和（样本）均方差。

（2）极值处理法。如果令 $M_j=\max_i\{x_{xj}\}$，$m_j=\min_i\{x_{xj}\}$，则有

$$x_{ij}^*=\frac{x_{xj}-m_j}{M_j-m_j} \tag{2-7}$$

式中，x_{ij}^* 是无量纲的，且 $x_{ij}^*\in[0,1]$。

（3）功效系数法。采用功效系数法对指标进行无量纲化。

$$x_{ij}^*=c+\frac{x_{ij}-m_{ij}}{M_{ij}-m_{ij}}\times d \quad （通常\ c=60，d=40） \tag{2-8}$$

式中，x_{ij}^* 为 x_{ij} 无量纲化结果。

对指标的一致化本书采用了极值处理法。

（4）无量纲化方法的选择原则。在计算中发现，不同的无量纲化方法得到的对相同的评价样本排序，评价结果是不同的；同时一致化和无量纲化的顺序变化也会对评价结果造成影响，那么怎样才是正确的结果呢。这里仅给出选择无量纲方法的原则：在评价模型、评价指标的权重系数、指标类型的一致化方法都已取定的情况下，应选择能尽量体现被评价对象 y，y_2，…，y_n 离差平方和 $\sum_{i=1}^{n}(y_i-\bar{y})^2$ 最大的无量纲化方法。

（三）多层次指标权重的计算

目前，国内外提出的综合评价方法已有几十种之多，在后评价工作中，如项目的成功度评价、项目可持续性评价及社会影响评价，都属于多属性综合评价问题，其关键是确定评价指标的权重。权重的确定方法总体上可归为三大类：主观赋权评价法、客观赋权评价法和智能评价法。

1. 主观赋权评价法

主观赋权评价法多采取定性方法，有专家根据经验进行主观判断而得到权数，包括层次分析法、模糊综合评判法等。

（1）层次分析法

20 世纪 70 年代美国著名运筹学家萨蒂提出了一种多目标、多准则的决策方法——层次分析法（The Analytic Hierarchy Process，AHP）。它能

将一些量化困难的定性问题在严格的数学运算基础上定量化；将一些定量、定性混杂的问题综合为统一整体进行综合分析。特别是这种方法在解决问题时，可对定性、定量之间转换、综合计算等解决问题过程中人们所做判断的一致性程度等问题进行科学检验。

在多指标评判中，既可用层次分析法对评价指标体系的多层次、多因子进行分析排序以确定其重要程度，又能对复杂系统进行综合评判，还可以用于多目标、多层次、多因素的决策问题。

1）构建可持续发展指标体系的递阶层次结构

递阶层次结构就是在一个具有 H 层结构的系统中，其第一层只有一个元素，各层次元素仅属于某一层次，且结构中的每一元素至少与该元素的上层或下层某一元素有某种支配关系，而属于同一层的各元素间及不相邻两层元素间不存在直接的关系。

在任何一个综合指标体系中，由于所设置指标承载信息的类型不同，各指标子系统及具体指标项在描述某一社会现象或社会状况过程中所起作用的程度也不同，因此，综合指标值并不等于各分指标的简单相加，而是一种加权求和的关系，即

$$S=\sum_{i=1}^{n}w_{i}f_{i}(I_{i})\quad(i=1,2,\cdots,n)\tag{2-9}$$

式中，f_i（I_i）为指标 I_i 的某种度量（指标测量值）；w_i 为各指标权重值，满足 $\sum_{i=1}^{n}w_i=1$，$0\leqslant w_i\leqslant 1$。下述层次分析法的有关运算过程主要是针对如何科学、客观地求取递阶层次结构综合指标体系的权重值而展开的。

2）基于层次分析法的评级指标权重确定

根据影响评价对象的主要因素，建立系统的递阶层次结构以后，需要运用层次分析法确定各评级指标的权重，大体可分为 4 个步骤进行。

① 以上一层次某因素为准，它对下一层次诸因素有支配关系，两两比较下一层次诸因素对它的相对重要性，并赋予一定分值，一般采用萨蒂教授提出的 1～9 标度法。标度的含义见表 2-3。

表 2-3　标度的含义

标度	含　义
1	表示两个元素相比，具有同样重要性
3	表示两个元素相比，前者比后者稍微重要
5	表示两个元素相比，前者比后者明显重要
7	表示两个元素相比，前者比后者强烈重要
9	表示两个元素相比，前者比后者极端重要
2，4，6，8	表示上述相邻判断的中间值
上述值的倒数	若元素 i 与元素 j 的重要性之比为 a_{ij}，那么元素 j 与元素 i 重要性之比为 $a_{ji}=1/a_{ij}$

② 由判断矩阵计算被比较元素对该准则的相对权重。

依据判断矩阵求解各层次指标子系统或指标项的相对权重问题，在数学上也就是计算判断矩阵最大特征根及其对应的特征向量问题。以判断矩阵 H 为例，即是由

$$HW=\lambda W \tag{2-10}$$

式中，H 为判断矩阵；λ 为特征根；W 为特征向量。

用式（2-10）解出 max（λ）及对应的 W，将 max（λ）所对应的最大特征向量归一化，就得到了下一层相对于上一层的相对重要性的权重值。

③ 由于判断矩阵是人为赋予的，故需进行一致性检验，即评价矩阵的可靠性。对判断矩阵的一致性检验的步骤如下：

萨蒂在 AHP 中引用判断矩阵最大特征根以外其余特征根的负平均值，作为度量人们在建立判断矩阵过程中所做的所有两两比较判断偏离一致性程度的指标 CI（Consistency Index）。

$$\mathrm{CI}=\frac{\lambda_{\max}-n}{n-1} \tag{2-11}$$

式中，n 为判断矩阵阶数；$\lambda_{\max}$为判断矩阵最大特征根。

判断矩阵一致性程度越高，CI 值越小。当 CI=0 时，判断矩阵达到完全一致。根据式（2-11），可以把一系列定性问题定量化过程中认知判断的不一致性程度用定量的方式予以描述，实现了思维判断的准确性、一致性

等问题的检验。

在建立判断矩阵过程中，思维判断的不一致只是影响判断矩阵一致性的原因之一，用1～9比例标度作为两两因子比较的结果也是引起判断矩阵偏离一致性的另一个原因，且随着矩阵阶数的提高，所建立的判断矩阵越难趋于完全一致。这样对不同阶数的判断矩阵，仅仅根据CI值来设定一个可接受的不一致性标准是不妥当的。为了得到一个对不同阶数判断矩阵均适用的一致性检验临界值，就必须消除矩阵阶数的影响。因此，萨蒂在进一步研究的基础上，提出用与阶数无关的平均随机一致性指标RI来修正CI值，用一致性比例CR＝CI/RI代替一致性偏离程度指标CI，作为判断矩阵一致性的检验标准。

RI值是用于消除由矩阵阶数影响所造成的判断矩阵不一致的修正系数。数值如表2-4所示。

表2-4　1～10阶判断矩阵RI值

阶数	1	2	3	4	5	6	7	8	9	10
RI	0.00	0.00	0.58	0.90	1.12	1.24	1.32	1.41	1.45	1.49

在通常情况下，对$n \geqslant 3$阶的判断矩阵，当CR＜0.1时，就认为判断矩阵具有可接受的一致性。否则，当CR≥0.1时，说明判断矩阵偏离一致性程度过大，必须对判断矩阵进行必要的调整，使之具有满意的一致性。

AHP中，对所建立的每一个判断矩阵都必须进行一致性比例检验。这一过程是保证最终评价结果正确的前提。

当CR＜0.1时，认为判断矩阵的一致性是可以接受的，否则应对判断矩阵做适当修正。

④ 计算各层因素对系统的组合权重，并进行排序。

可持续发展指标体系的综合计量值为

$$S = \sum_{i=1}^{n} w_i f_i(I_i) \quad (i = 1,2,\cdots,n) \tag{2-12}$$

S 是指标体系最末层各具体指标项相对于最高层 A 的组合权重值。而由各判断矩阵求得的权重值，是各层次指标子系统或指标项相对于其上层某一因素的分离权重值。因此，需要将这些分离权重值组合为各具体指标项相对于最高层的组合权重值。组合权重计算公式为

$$w_{ij} = \prod_{j=1}^{k} w_j \tag{2-13}$$

式中，w_{ij} 为第 i 个指标第 j 层的权重值；k 为总层数。

每个判断矩阵一致性检验通过并不等于整个递阶层次结构所做判断具有整体满意的一致性。因此，还需要进行整体一致性检验。

（2）模糊综合评判法

模糊综合评判法是通过构造等级模糊子集把反映被评事物的模糊指标进行量化即确定隶属度，然后利用模糊变换原理对各指标综合，一般需要按以下步骤进行：

① 确定评价对象的因素论域：

$$U=\{u_1, u_2, \cdots, u_p\} \tag{2-14}$$

也就是 p 个评价指标。

② 确定评语等级论域：

$$V=\{v_1, v_2, \cdots, v_m\} \tag{2-15}$$

即等级集合，每一个等级对应一个模糊子集。

③ 进行单因素评价，建立模糊关系矩阵 R。

在构造了等级模糊子集后，就要逐个对被评事物从每个因素 u_i $(i=1, 2, \cdots, p)$ 上进行量化，也就是确定从单因素来看被评事物对各等级模糊子集的隶属度，进而得到模糊关系矩阵：

$$R=\begin{pmatrix} r_{11} & r_{12} & \cdots & r_{1m} \\ r_{21} & r_{22} & \cdots & r_{2m} \\ \vdots & \vdots & \vdots & \vdots \\ r_{p1} & r_{p2} & \cdots & r_{pm} \end{pmatrix}_{p\times m} \tag{2-16}$$

矩阵 R 中元素 r_{ij} 表示某个被评事物的因素 u_i 对 v_j 等级模糊子集的隶属度。

④ 确定评价因素的模糊权向量 $A=(a_1, a_2, \cdots, a_p)$。

一般情况下，p 个评价因素对被评事物并非同等重要，各单方面因素的表现对总体表现的影响也是不同的，因此，在合成之前要确定模糊权向量。

⑤ 利用合适的合成算子将 A 与各被评事物的 R 合成得到各被评事物的模糊综合评价结果向量 B。

矩阵 R 中不同的行反映了某个被评价事物从不同的单因素来看对各等级模糊子集的隶属程度。用模糊权向量 A 将不同的行进行综合就可得该被评事物从总体上来看对各等级模糊子集的隶属程度，即模糊综合评价结果向量 B。模糊综合评价的模型为

$$A \cdot R=(a_1, a_2, \cdots, a_p)\begin{pmatrix} r_{11} & r_{12} & \cdots & r_{1m} \\ r_{21} & r_{22} & \cdots & r_{2m} \\ \vdots & \vdots & \vdots & \vdots \\ r_{p1} & r_{p2} & \cdots & r_{pm} \end{pmatrix}=(b_1, b_2, \cdots, b_m) \cdot B \tag{2-17}$$

式中，b_j 是由 A 与 R 的第 j 列运算得到的，它表示被评事物从整体上看对 v_j 等级模糊子集的隶属程度。

⑥ 对模糊综合评价结果向量进行检验并分析。

每一个被评事物的模糊综合评价结果都表现为一个模糊向量，这与其他方法中每一个被评事物得到一个综合评价值是不同的，包含了更丰富的信息。如果要进行排序，可以采用最大隶属度原则、加权平均原则或模糊向量单值化方法对评价结果向量进行排序对比。

2. 客观赋权评价法

客观赋权评价法是根据指标之间的相关关系和各个指标的变异系数来确定权数，包括 TOPSIS 评价法、灰色关联度分析法、主成分分析法等。

（1）TOPSIS 评价法。在基于归一化后的原始矩阵中，找出有限方案中的最优方案和最劣方案（分别用最优向量和最劣向量表示），然后分别计算出评价对象与最优方案和最劣方案间的距离，获得该评价对象与最优方案的相对接近程度，以此作为评价优劣的依据。

（2）灰色关联度分析法。其基本原理：认为若干个统计数列所构成的各条曲线几何形状越接近，即各条曲线越平行，则它们的变化趋势越接近，其关联度就越大，因此，可利用各方案与最优方案之间关联度的大小对评价对象进行比较、排序。该方法首先是求各个方案与由最佳指标组成的理想方案的关联系数矩阵，由关联系数矩阵得到关联度，再按关联度的大小进行排序、分析，得出结论。灰色关联度分析法计算简单，通俗易懂，数据不必进行归一化处理，用原始数据进行直接计算，并且不需要大量样本，也不需要经典的分布规律，只要有代表性的少量样本即可，但是该方法不能解决评价指标间相关造成的评价信息重复问题，因而指标的选择对评判结果影响很大。

（3）主成分分析法。该方法是利用降维的思想，把多指标转化为几个综合指标的多元统计分析方法。其基本原理：主成分分析是一种数学变换的方法，把给定的一组相关变量通过线性变换转成另一组不相关的变量，这些新的变量按照方差依次递减的顺序排列。在数学变换中保持变量的总方差不变，使第一变量具有最大的方差，称为第一主成分；第二变量的方差次大，并且和第一变量不相关，称为第二主成分，依次类推，K 个变量就有 K 个主成分。通过主成分分析方法，可以根据专业知识和指标所反映的独特含义对提取的主成分因子给予新的命名，从而得到合理的解释性变量。在主成分分析法中，各综合因子的权重不是人为确定的，而是根据综合因子的贡献率大小确定的。这就克服了某些评价方法中人为确定权数的缺陷，使综合评价结果唯一，而且客观合理，但是该方法假设指标之间的关系都为线性关系，在实际应用时，若指标之间的关系并非线性关系，那么就有可能导致评价结果的偏差。

3. 智能评价法

智能评价法是通过智能评价模型有效地模拟专家和以往的经验，从而得到合理的评价结果。

有一种是以神经网络为代表的人工智能方法，包括基于支持向量机的综合评价、基于小波神经网络的综合评价方法等。这类评价方法的优点在于可以有效地处理非线性影射问题，可以通过机器学习的过程模拟专家或以往的评价经验。通过对给定样本模式的学习，获取评价专家的经验、知识、主观判断及对目标重要性的倾向。当需要对有关评价对象做出综合评价时，该方法便可再现评价专家的经验、知识和直觉思维。智能评价法既能充分考虑评价专家的经验和直觉思维模式，又能降低综合评价过程中人为的不确定因素；既具备综合评价方法的规范性，又能体现出较高的问题求解效率，也较好地保证了评价结果的客观性，是目前较为先进的综合评价方法。

第三章　项目后评价工作组织与管理

抽水蓄能电站项目后评价是一项系统性、复杂性工程，其评价的开展也是一个涉及面广、多阶段性的工作。抽水蓄能电站项目后评价工作的开展，有两个主要责任主体：一个是后评价委托单位，即后评价工程项目单位（简称为“项目单位”）；另一个是后评价咨询单位，通常为咨询单位（简称为“咨询单位”）。在咨询单位接受工作委托后，一般在委托同一年度出具评价成果，其间需要计划物资、运维检修、安全监察质量、财务资产、办公室、人事综合等多个抽水蓄能公司相关部门的密切配合，经历项目启动、报告编制、评审验收等多个阶段。清晰明确的工作组织流程，丰富多样的报告形式，切实有效的成果应用方式，能从后评价工作开展的角度提升后评价报告质量，提高后评价组织与管理的科学化程度，从而实现“评有依据、评有计划、评有效果、改有方法”。

第一节　项目后评价工作组织流程

一、项目后评价工作流程

抽水蓄能电站项目后评价工作的开展，主要涉及项目立项、项目委托、项目启动、报告编制、评审验收和成果应用 6 个阶段。在不同阶段，两大责任主体的工作内容，围绕具体实施要求有所差异。

各阶段项目主管单位和项目单位工作内容主要包括项目计划申报、下达年度计划、委托咨询机构、配合编制报告、验收评价报告、反馈评价意见和成果推广运用等。组织管理流程如图 3-1 所示。

管理程序	主要工作内容	结果文件
项目计划申报	选取开展后评价的项目及安排财务预算，建设单位编制项目自我总结报告	自评报告/项目库
下达年度计划	根据项目自评报告，筛选后评价项目，下达后评价年度工作计划	年度工作计划
委托咨询机构	遵循回避原则，委托独立咨询机构，签订合同和保密协议	委托书/合同/保密协议
配合编制报告	配合咨询单位召开后评价项目启动会，开展收集资料和现场调研工作	会议纪要
验收评价报告	组织项目后评价验收，核查报告是否满足深度要求，成果是否达到预期目标	专家评审意见
反馈评价意见	计划部门组织相关部门对项目进行分析评议，给建设单位反馈后评价意见	会议纪要
成果推广运用	完成项目评优申报、内部培训研讨或成果发布等后评价成果应用工作	无

图 3-1　后评价项目主管单位和项目单位常见组织管理流程

各阶段咨询单位工作内容主要包括接受后评价委托任务、成立后评价项目组和制定工作计划、编制“收资”清单、召开启动会和收集资料、现场调研和座谈、编制报告和报告验收等环节。具体如图 3-2 所示。

各阶段项目主管单位、项目单位与咨询单位的工作虽有差异，但形成交互与互动，如图 3-3 所示。

二、项目后评价实施操作

（一）项目立项阶段

该阶段的责任主体是项目单位。项目单位按照国家、项目主管单位、抽水蓄能公司相关规定进行项目的选取，并立项。

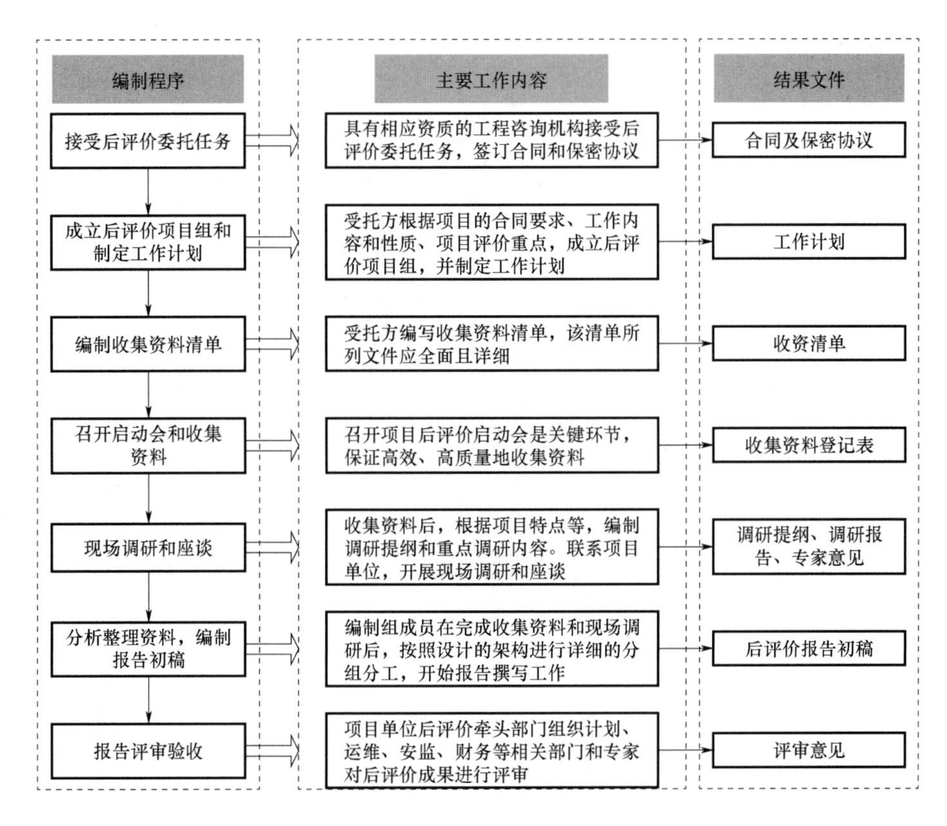

图 3-2　后评价咨询单位常见工作流程

1. 后评价项目选取范围

为了保证后评价工作科学、公正和顺利的实施，入选后评价范围的抽水蓄能电站项目应该具备如下条件：

➤ 项目全部机组投产运行；

➤ 项目竣工验收（含竣工决算）已经完成。

2. 后评价项目选取原则

根据《中央企业固定资产投资项目后评价工作指南》，项目单位筛选具体的后评价工程的主要原则如下：

➤ 项目投资巨大，建设工期长、建设条件复杂或为跨行业的一体化项目；

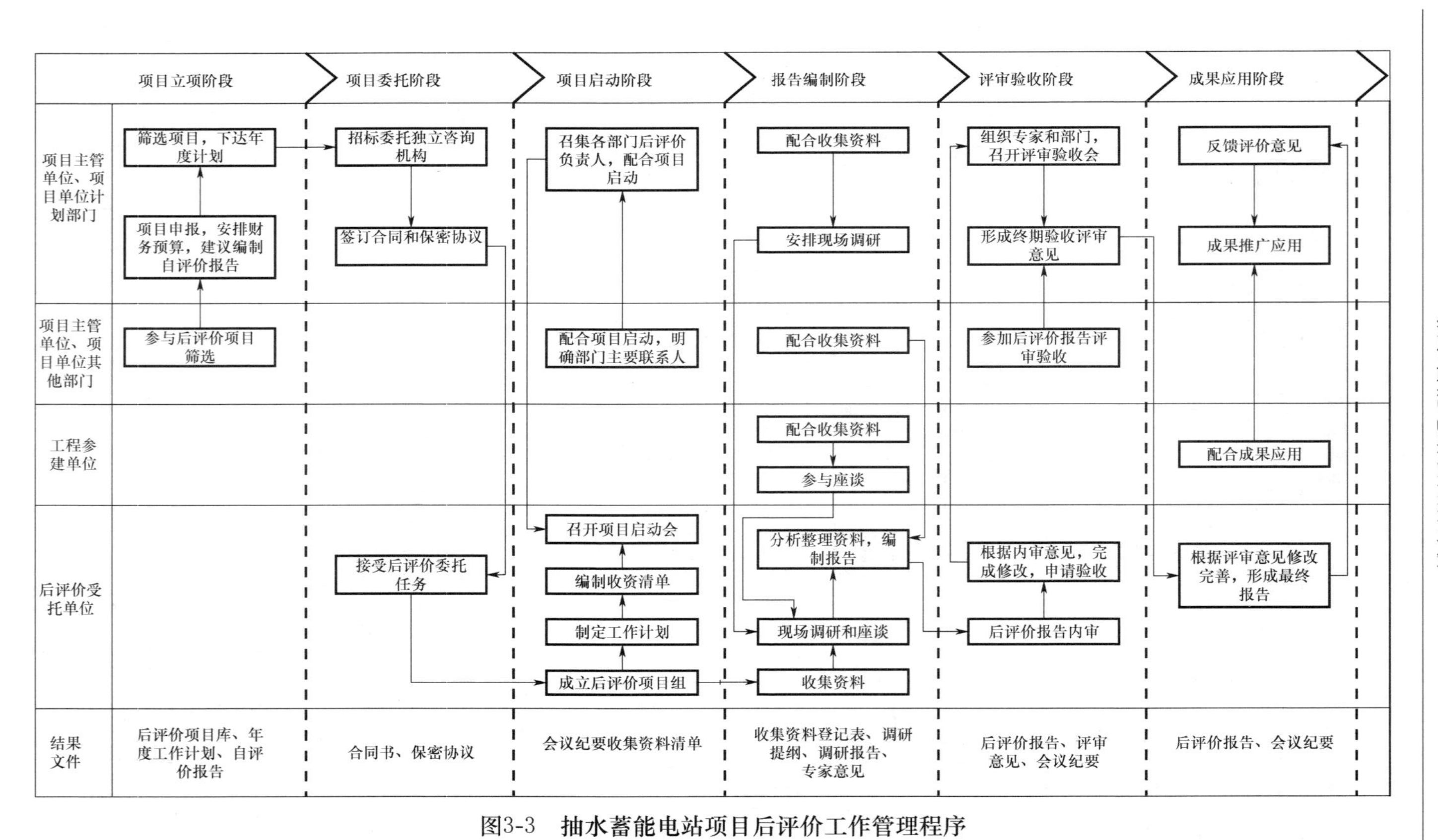

图3-3 抽水蓄能电站项目后评价工作管理程序

- 项目采用新技术、新工艺、新设备，对提升企业竞争力有较大影响；
- 项目建设过程中，电力市场、燃料供应及融资条件等发生重大变化；
- 项目组织管理体系复杂的项目（如中外合资）；
- 项目对行业或企业发展有重大影响；
- 项目引发的环境、社会影响较大。

3. 开展自评工作

为突出工程特点和存在的问题，项目建设单位可以先开展自评工作，编制《项目自我总结评价报告》，报告框架参考《项目后评价报告》格式并适当简化。该项工作非项目后评价工作的必需环节，项目单位可自行选择开展。

项目单位投资计划部门根据各所属单位提交的自评报告内容的重点和存在的问题筛选后评价项目，并下达后评价年度工作计划。

4. 经费安排及取费标准

后评价所需经费在相应的工程中列支或列入建设单位年度财务预算，专款专用。

目前，抽水蓄能电站项目后评价费用确定，主要依据国家能源局批准发布的相关水电工程概算编制办法与计算标准。

国家能源局批准发布的《水电工程费用构成及概（估）算费用标准》（2013年版）中，抽水蓄能电站项目后评价费在独立费用/咨询服务费中列支，计算规定为“按建筑安装工程量的0.5%～1.33%计算，技术复杂、建设难度大的项目取大值，反之取小值”。

（二）项目委托阶段

该阶段的责任主体是项目单位，项目单位通过公开招标等方式选择独立咨询机构开展后评价工作，并签订委托合同。

1. 选择咨询机构

后评价报告编制工作应委托有资质的独立咨询机构承担。选择咨询机构应遵循回避原则，即凡是承担项目可行性研究报告编制、评估、设计、监理、项目管理、工程建设等业务的机构不宜从事该项目的后评价工作。

2. 签订委托合同

在确定后评价咨询机构后，双方签订后评价合同及保密协议。

合同中应该约定的内容（应包括但不限于）：后评价的内容和深度要求、资料的提供及协作事项、咨询团队的人员构成、合同履行期限、研究成果的提交和验收等内容。

保密协议中应该约定的内容（应包括但不限于）：保密信息及范围、双方权利及义务、违约责任、保密期限和争议解决等。

（三）项目启动阶段

该阶段的责任主体是咨询单位和项目单位。咨询单位接受项目单位后评价委托后，应根据项目的合同要求、工作内容和性质、项目评价重点等，充分考虑满足项目单位的质量和进度要求，成立后评价项目组，并制定详细的工作计划和收集资料清单，督促项目单位召开启动会。项目单位在启动会上明确各相关部门联系人，厘清收资清单的科学性和可行性。

1. 成立后评价项目组

咨询单位首先要确定一名项目负责人或项目经理，然后组建后评价项目组。项目组组建可采用图 3-4 所示组织结构。

编制组成员要尽可能涵盖项目实施中的所有专业，包括规划、电气、结构、水工、技术经济和环保等。专家组成员构成应分为内部专家及外聘专家，且不应是参与过此项目前评估或项目实施工作的人员，涵盖系统规划、设计、质检、环保等相关专业方面的专家。内部专家即为咨询单位内部的专家，他们熟悉项目后评价过程和程序，了解后评价的目的和任务，便于项目后评价工作的顺利实施；外聘专家即咨询单位机构以外的独立咨询专家，具有特长及丰富的经验，可弥补咨询单位内部专业人员的不足。

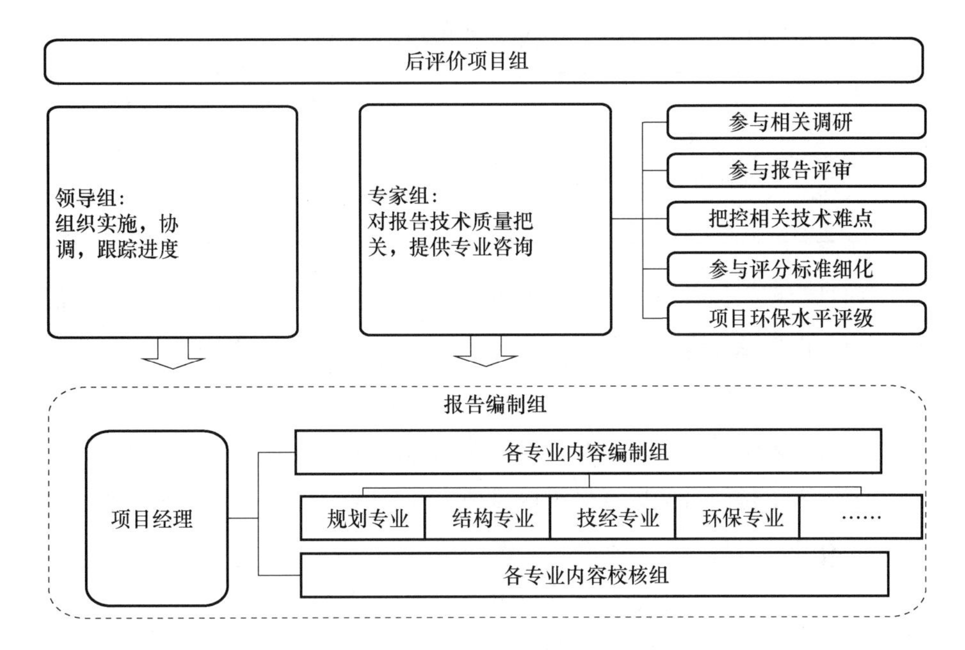

图 3-4　后评价项目组组织结构

2. 制定工作计划

项目经理根据合同要求（主要是进度和成果要求）制定工作计划，并经主任工程师评审，以明确分工、落实责任。工作计划内容包括项目计划进度、项目组成员分工、工作重点、质量目标、研究路线和方法。评审内容包括工作计划是否充分、技术路线是否可行、研究方法是否合理、研究内容是否完整。工作计划是后评价工作的龙头，编制要尽可能详尽，明确每一步工作计划的相关要求，以指导项目启动、现场调研、收集资料、编写报告和项目验收等工作。

3. 编制收集资料清单

编制组成员根据工作计划分工及原已完成类似项目或以往同一项目单位资料收集经验，编写收集资料清单（简称“收资清单”）。收集资料清单应说明拟收集资料的文件内容、提资部门和重要程度等。该清单所列文件应全面且详细。收集资料清单参考格式如表 3-1 所示。

表 3-1　收集资料清单参考格式

序号	文件	提资部门（参考）	备注
1	项目建议书	计划相关部门	
2	项目可行性研究报告	计划相关部门	
…			

项目经理根据各编制成员所列收集资料清单，修改补充完善，避免清单所列文件遗漏和重复，形成最终《××项目后评价收集资料清单》。

4. 召开启动会

项目后评价最重要的基础工作为收集资料，收集资料能否顺利开展，决定了咨询单位能否按进度保质保量地完成后评价报告。为高效率地收集资料，召开项目后评价启动会是关键环节。

首先，通过召开启动会，项目单位后评价工作牵头部门可以召集各部门后评价具体负责人，明确主要联系人，便于针对收集资料工作责任到人；其次，咨询单位可以通过启动会，和项目单位各部门建立联系，方便在后评价工作中沟通；最后，通过启动会，项目单位和咨询单位可以逐项落实收集资料清单文件和提资部门，同时确认提资的完成时间。

（四）报告编制阶段

该阶段的责任主体是咨询单位和项目单位。咨询单位开展资料收集、现场调研和座谈，编制后评价报告。项目单位各相关部门在报告编制阶段积极配合收集资料和调研，共同开展资料甄别及释疑工作。

1. 资料收集

咨询单位编制组成员按照工作计划的要求开展有关信息、数据、资料的收集和整理等工作，填写收集资料登记表，具体格式如表 3-2 所示。

后评价编制组资料收集完成后，应对各种资料进行分类、整理和归并，去粗取精，去伪存真，总结升华，使资料具有合理性、准确性、完整性和可比性。同时，项目组需对资料进行全面认真分析，研究针对该项目的特点，根据项目单位委托要求和后评价工作的需要，项目经理组织专家组和编制组充分讨论，编制下一步现场调研的调研提纲和重点调研内容。

表 3-2　收集资料登记表

序号	资料编号	资料名称	提交时间	提交部门	提交人	接收人	是否需归还	资料形式
1								
2								
…								

2. 现场调研和座谈

咨询单位后评价项目经理需提前和项目单位后评价牵头部门负责人沟通现场调研时间，双方敲定调研具体时间后，咨询单位开具后评价调研函，主要内容应包括调研日程安排、参建单位代表、项目单位相关部门代表、专家组人员名单、后评价调研提纲和重点调研内容、查阅的主要资料和核准的主要数据等。调研函应提前几周时间出具，以便项目单位有充分的时间准备现场调研材料和安排现场调研，保证现场调研工作的质量和效率。

（1）现场调研

根据后评价调研计划，开展现场调研工作。首先调研组参观抽水蓄能电站项目现场，听取项目运行单位和建设单位的总体汇报。然后调研组分专业深入调研，查阅相关资料，对有疑问的数据进行核实；根据调研提纲，对前期收集资料过程中发现的问题与运行单位和建设单位进行讨论，在讨论过程中，调研组应安排专人做好会议纪要。对现场调研中难以解决和需要核准的数据，要进一步落实提供准确资料和数据的负责人、联系人提交完善后的资料、数据的期限，保证在后评价报告编制过程中发现的问题及时有效沟通。

（2）座谈

调研组可通过召开现场座谈会的方式，收集真实、完整的项目资料、数据和信息，通过与项目单位相关部门代表和参建单位代表（包括设计单位、监理单位、施工单位、物资采购单位和调试单位）座谈，了解项目在决策、施工和验收等各个阶段的特殊点，以及需在项目评价过程中重点关注的内容。调研组通过现场座谈了解的一手信息，可以再进一步查看现场和查阅档案资料，就相关问题进行充分讨论，达成共识。

现场调研结束后，专家组成员根据调研大纲和重点调研建议，编制调研报告，作为后评价报告编写的重要依据，指导下一步编制组的报告编写工作。

3. 配合收集资料和调研

在报告编制过程中，项目单位配合咨询单位完成收集资料工作和调研。具体各部门配合情况如下。

（1）计划物资部

计划物资部主要负责提供所评价项目的规划选点规划报告及审查意见、项目建议书及批复意见、项目预可行性研究报告及其审查意见、项目核准的请示及批复、项目建设用地预审申请报告，以及县、市、省、国家级批复文件、勘察、设计、施工（前期工程、主体土建工程、安装工程）、监理、调试、专项咨询、设备采购、设备监造等招投标工作有关文件（包括选定方式和程序、能力水平、资信情况）、勘察、设计、施工（前期工程、主体土建工程）、监理、调试、专项咨询等合同、合同变更单等内容。

（2）运维检修部

运维检修部主要负责提供所评价项目的水资源论证报告、地震安全性评价报告、建设用地压覆矿产资源评估报告、安全监测设计专题报告等相关专题报告、评审、批复文件、工程规划许可证、建设用地规划许可证、开工许可证、开工报告、分部分项工程各类开工报审表、竣工报告、计划里程碑进度及实际进度、重大事件记录及有关文件、初步设计文件、评审意见及其批复（含批准概算）、施工图图纸会审及技术交底会议纪要、重大设计变更单、施工组织设计大纲、施工单位的组织管理情况及工作总结报告、项目监理规划大纲、监理单位的监理工作总结报告、启动调试阶段的总结报告、试运行总结报告、专项验收报告及批复文件（包括上水库工程蓄水验收鉴定、下水库工程蓄水验收鉴定、消防验收、枢纽工程专项竣工验收、水土保持专项验收、环保专项验收、工程档案专项验收、移民专项验收）等内容。

（3）安全监察质量部

安全监察质量部主要负责提供所评价项目的移民安置工作复函、移民协议或包干书，移民补偿工作方案或承诺书、安全设施验收自检报告（运行单位自检报告、土建自检报告、监理自检报告、设计自检报告和机电安装自检报告）、劳动安全与工业卫生预评价报告、劳动安全与工业卫生专项竣工验收、职业病防治专项验收、移民专项验收等专项验收报告及批复文件、施工阶段的安全事故调查报告、项目投产年至评价年的各年事故情况及原因分析等内容。

（4）财务资产部

财务资产部主要负责提供所评价项目的竣工决算梳理报告、工程决算报告及附表和决算审计报告及附表、资金来源情况，包括项目贷款协定、贷款合同等、贷款审计报告、建设期资金到位情况、项目资金来源、融资方案的计划和实际调整明细、项目投产年至评价年各年的成本费用情况表、固定资产折旧制度（折旧年限、折旧方式）等内容。

（5）办公室

办公室主要负责提供所评价项目重要的图片、资料：地理位置示意图，现场拍照、存档照片等，以及公司规章制度、每年的总经理工作报告等内容。

（6）人事综合部

人事综合部主要负责提供电站组织机构图及正职员工人员情况、电站获得的各项荣誉及奖项等内容。

4. 编制报告

咨询单位编制组成员在完成收集资料和现场调研后，按照设计的架构进行详细的分组分工，开始报告撰写工作。项目组成员需深入挖掘资料内容，力争能够全面、真实、深刻地反映项目投资决策，发现问题，查找原因，寻求对策，做好各项分析研究工作。针对评价项目的实施情况，运用前后对比法、有无对比法和逻辑框架法等后评价方法，通过对照项目立项时所确定的直接目标、宏观目标及其他指标，对比项目周期内实施项目的结果及其带来的影响与无项目时可能发生的情况，找出偏差和变化，以度量项目的真实效益、影响和作用，对项目的决策、实施、运行、目标实现程度及项目的可持续性等进行客观评价，总结经验教训，针对项目存在的问题，提出切实可行的建议。

在报告撰写过程中，项目经理需根据工作进度要求及质量要求等，跟踪项目进展情况，及时组织协调专家组解决在报告撰写过程中遇到的问题及困难等。

（五）评审验收阶段

该阶段的责任主体是咨询单位和项目单位。咨询单位提出验收申请，出具评价报告。项目单位组织开展评价工作。

后评价项目的验收主要是对已完成的后评价项目进行审查，核查后评价报告中是否涵盖规定范围内的各项工作或活动，应交付的后评价成果是否达到了预期的目标。在后评价报告编写完成后，咨询单位应向项目单位牵头部门申请后评价验收，汇报后评价报告的主要成果。项目单位计划部门组织规划、建设、运行、财务和审计等相关部门和专家对后评价成果进行评审验收，对报告内容是否满足项目单位主管部门后评价编制大纲深度要求、后评价结论的全面性及存在问题的客观性、对策建议的可操作性等进行评审，对评价数据结论的准确性、依据的可靠性、分析对比指标的合理性等进行讨论，提出评审验收意见。

1. 验收专家组要求

验收专家组成员至少 5 人，人数为单数。项目承担单位可推荐验收专家 1～3 人，也可提交不宜参加验收的专家名单（需注明原因）。原则上，课题组成员所在单位人员及课题顾问不能作为验收专家组成员。验收专家须具有高级职称，行政部门领导限 1 人。

2. 验收依据

验收专家组根据国家发展改革委、国资委、水利部、项目管理单位和项目单位相关后评价管理规定及《项目合同书》对后评价报告进行验收，主要评估研究后评价工作是否客观、公正，是否达到《项目合同书》中的要求及各项规定中对评价深度的要求，并由验收组长确定验收意见。

3. 验收结论

验收结论主要分为通过验收、重新审议、不通过验收 3 种。

（1）通过验收。按规定日期完成任务、达到合同规定的要求、经费使用合理，视为通过验收。

（2）重新审议。由于提供文件资料不详难以判断或目标任务完成不足，但原因难以确定等导致验收结论争议较大的，视为需要重新审议。

（3）不通过验收。凡具有下列情况之一的按不通过验收处理：未达到项目规定的主要技术、经济指标的；所提供的验收文件资料不真实的。

4. 经费支付

后评价报告通过验收后，项目单位根据合同相关条款完成咨询单位经费支付。

5. 成果移交

咨询单位根据评审意见完成报告修改后，将最终报告及验收相关材料一并报送项目单位计划部门。

（六）成果应用阶段

该阶段的责任主体是咨询单位、项目管理单位和项目单位。项目管理单位和项目单位开展成果应用活动，咨询单位予以充分配合。

项目管理单位和项目单位投资计划部门组织相关部门对项目进行分析、评议，剖析问题，总结被评价抽水蓄能电站项目的经验和教训，提出针对完善和改进类似抽水蓄能电站项目的实施建议和意见，给建设单位反馈后评价意见，同时应将后评价意见及时反馈到决策相关部门。项目决策单位和参建单位积极推广被评价项目的项目经验和教训，保证发现的问题在后续项目建设中避免，成功的经验得到借鉴和应用。

第二节　项目后评价成果主要形式

一、项目后评价工作方式

后评价工作的主要目的是总结经验教训，为将来的工程建设提供管理建议，后评价工作方式分为自我后评价和中介机构独立后评价两种方式。

（一）项目自我后评价

根据我国《建设工程项目管理规范》（GB/T 50326—2017）的要求，项目管理结束后需要编制项目管理总结。项目自我评价是指在建设项目投产后，项目建设单位组织企业内部管理和技术人员对项目建设全过程开展的自我总结评价，项目自我总结后评价报告应在项目投产后一年内完成。区别于建设项目总结报告，项目自我评价报告是由建设单位总结分析项目建设，在过程管理、技术先进性、效果和效益及可持续性基础上对项目进行全面总结，目的是发现建设过程中存在的问题和原因，总结管理经验；而项目总结报告由项目承担单位完成，根据合同要求总包单位、项目管理公司、施工单位、设计单位和监理单位分别完成各自编制合同承担部分的总结报告。

（二）中介机构独立后评价

一般意义的后评价是指第三方中介机构完成的项目后评价。委托独立中介机构组织开展的第三方评价，为保证项目后评价的客观、公正和科学性，项目独立后评价应委托第三方独立咨询机构，第三方是指处于第一方——被评对象和第二方——顾客（服务对象）之外的一方，由于“第三方”与“第一方”“第二方”都既不具有任何行政隶属关系，也不具有任何利益关系，所以一般也会被称为“独立第三方”。建设项目后评价咨询企业未参加项目建设工作，包括前期咨询、勘察设计、施工及监理等项目建设过程，而且与项目参与单位无直接或间接隶属关系及参股控股等形式的资本关系。

二、项目后评价成果形式

项目后评价的成果形式从评价范围来分，包括后评价报告、专项评价报告、后评价年度报告；从工作综合复杂程度来分，包括后评价简报和通报。

（一）后评价报告

项目后评价报告是评价结果的汇总，是反馈经验教训的重要文件。后评价报告必须反映真实情况，报告的文字要准确、简练，尽可能不用过分生疏的专业词汇。报告内容的结论、建议要和问题分析相对应，并把评价结果与未来规划及政策的制定、修改相联系。

抽水蓄能电站项目后评价报告的基本内容包括摘要、项目概况、评价内容、主要变化和问题、原因分析、经验教训、结论和建议、基础数据和评价方法说明等。

（二）专项评价报告

根据项目建设实际情况，对于项目建设中问题多发环节或成果显著过程进行专项评价，目的是发现问题、总结经验。专项后评价可以针对某一项目的某一建设环节作为评价对象，也可以对建设单位在某一时间范围内竣工投产的相同或类似项目的同一建设环节进行专项后评价。专项后评价可以包括投资控制专项后评价报告、项目技术水平（进步）后评价报告、项目安全管理后评价报告、项目建设质量控制后评价报告、项目经济效益后评价报告、项目环境影响后评价报告、项目可持续水平后评价报告。

（三）后评价年度报告

通过后评价年度报告，围绕和突出公司投资项目建设与管理的大局和主流，抓住趋势性和规律性的问题，在已有后评价成果的基础上进行系统总结和提炼，在宏观管理层面发挥积极作用。

（四）简报和通报

为了更好地发挥项目后评价的作用，在公司（集团）范围内可以通过简报、通报或年度报告的形式进行推广。

1. 简报

简报是用于公司（组织）内部传递情况或沟通信息的简述报告。简报主要为反映工作情况和问题，及时对于后评价中的重要问题在公司范围内通过公司内部会议形式或者内部网络平台进行发布。后评价简报可以是连续性的，也可以对后评价范围内的某一问题在公司（集团）某一范围作为简报传达。

编写简报要针对重点和亮点，简明扼要地据实反映问题，简报还应注重实效，简报是单位领导对一些问题做出决策的参考依据之一，也是单位推动工作的一个重要手段。

2. 通报

通报是上级把有关事项告知下级的公文，通报从性质来分包括表扬通报、批评通报和情况通报，通报兼有告知和教育属性，有较强的目的性。表扬和批评通报中一般会有嘉奖和惩处决定，情况通报中除情况说明外会提出希望和要求。后评价工作情况可以通过通报形式传达给相关部门，目的是交流经验，吸取教训，推动工作的进一步开展。

第三节　项目后评价成果应用方式

后评价通过对项目建设全过程的回顾，总结经验教训，改进项目管理水平和提高投资效益，最终目的是提高投资管理科学化水平，打造企业核心竞争力。后评价工作完成后，为更好地发挥其应有的作用，通过召开成果反馈讨论会、内部培训和研讨，以及建立后评价动态数据共享平台库等形式进一步推广项目管理经验。

一、成果反馈讨论会

通过项目后评价报告和后评价意见，有针对性地总结经验、发现问题和提出建议，从而改进了项目管理、完善了规章制度，通过后评价成果反馈讨论会，可以在更高的层次上总结经验教训，集中反映问题和提出建议，为完善项目决策提供了重要参考依据；通过多层次、多形式的研究成果与信息反馈，将项目后评价成果与项目决策、规划设计、建设实施、运行管理等环节有效地联系起来，实现了投资项目闭环管理，提高了后评价工作的实效性。

后评价的评价范围涉及项目建设全过程和项目所有参加单位，成果反馈讨论会的参加人员可以有两种参与形式：一种要求项目参加单位全部参加，针对建设单位、各参与单位存在的问题集中讨论，有利于深度剖析建设问题的原因，有利于发承包双方的责任厘清和工作水平的提高；另一种是建设单位内部相关部门参加的讨论会，一般包括项目一线主要专业负责人、项目建设管理各相关部门负责人及主管领导，对于抽水蓄能电站建设项目要求项目单位计划部、安监部、运维部、财务部等项目建设相关部门参加，必要时邀请公司内部专家或外聘行业专家到会。

成果反馈讨论会重点针对后评价报告中提出的经验和问题，进一步分析原因，在公司和行业范围内推广先进经验，提高管理水平。

成果反馈讨论会可以针对某一项目，也可以根据实际情况对项目组或项目群进行集中讨论，项目后评价讨论会由建设单位组织召开。建设单位在会前应做好会议计划和议题准备。

二、内部培训和研讨

企业内部培训是根据其自身特点和发展状况而“量身定制”的专门培训，旨在使受训人员的知识、技能、工作方法、工作态度及工作价值观得到改善和提高，从而发挥出最大的潜力以提高个人和组织的业绩，推动组织和个人的不断进步，实现组织和个人的双重发展。后评价是项目建设的重要环节，投资项目后评价的功能和作用主要围绕总结项目经验教训，以供后续同类项目借鉴；以提升投资项目决策管理水平为主，宏观投资决策、发展战略、政策措施建议为辅。可以内部培训和研讨，更好地理解后评价理论方法和实务方法，促进项目投资决策和管理水平不断提升。

后评价内部培训应以企业内部中高层管理人员为主要培训对象，课程内容、教学方式均可以采用多种灵活方式。授课老师可以选择公司内部或行业咨询专家，教育方式可以采用讲授和讨论相结合的方式，授课内容为在讲授后评价理论方法的同时重点研讨抽水蓄能电站项目后评价实务。

三、信息网络平台建设

计算机网络的功能主要有资源共享、信息交换、分布式处理及网络管理等几个方面。资源共享是计算机联网的主要目的，共享的资源包括硬件、软件数据和信息。随着互联网技术的不断进步，企业信息化建设的推进，企业内网（Intranet）技术迅速发展，从第一代的信息共享与通信应用，发展到第二代的数据库与工作流应用，进而进入以业务流程为中心的第三代 Intranet 应用，形成一个能有效地解决信息系统内部信息采集、共享、发布和交流的，易于维护管理的信息运作平台。Intranet 带来了企业信息化新的发展契机，打破了信息共享的障碍，实现了大范围的协作。

通过企业内部网络有条件共享后评价相关数据，合理应用抽水蓄能电站项目后评价成果，有助于总结经验教训，改进工作。但由于抽水蓄能电站项目后评价成果涉及电站关键技术和企业经营秘密，在网络共享平台中发布宜采用多种方式，针对不同受众分级发布，建立抽水蓄能电站项目后评价成果的密级评定与分级发布机制。

传统意义的后评价是基于某时点的评价，是在工程项目运营一段时间后对项目各个阶段的整体总结，不具有动态性。但项目的成功度具有动态性质，不能由某一时段的工程总结得出的静态结论来替代，在项目全寿命周期内，应对项目运营各项指标进行实时监测。项目的功能指标、效率指标、主设备缺陷和寿命及环保指标是项目目标评价的核心内容，项目社会影响、环境影响及其可持续性是一个需要长期观测的指标，这些测量应贯穿于项目全寿命周期，动态数据监测分析有助于对项目建设前期决策水平和建设实施水平进行进一步的检验和评价。建议建设单位设立相应的长效观测机制，建立动态后评价数据库，通过动态反馈和横向、纵向对比，提出优化方案，提高总体管理水平和经济效益。在项目后评价信息平台建立动态数据库，对项目进行真正意义上的动态后评价，必将产生深远的管理意义。

第四章　抽水蓄能电站项目后评价的内容

抽水蓄能电站是指利用电力系统中多余电能，把高程低的水库内的水抽到高程高的水库内，以位能方式蓄存起来，系统需要电力时，再从上水库放水至下水库进行发电的水电站。抽水蓄能电站可按不同情况分为不同类型。按电站有无天然径流可分为纯抽水蓄能电站和混合式抽水蓄能电站；按站内安装的抽水蓄能机组类型可分为四机分置式、三机串联式和二机可逆式；按布置特点可分为首部式、中部式和尾部式；按抽水蓄能电站的运行工况可分为静止工况、发电工况、抽水工况、发电调相工况和抽水调相工况；按启动方式可分为静止变频（SFC）启动和背靠背（BTB）启动。对抽水蓄能电站项目开展后评价，有其相对固定的评价内容，主要包括项目概况、项目建设过程回顾与评价、项目运营和效益评价、项目环境和社会效益评价、项目目标和可持续性评价、项目后评价结论、对策建议。但同时，应根据项目的立项目的，在后评价中有所侧重，体现不同类型、不同性质工程的项目特点。

第一节　项目概况

一、评价目的

项目概况介绍主要是对抽水蓄能电站项目的基本情况做简要的说明及分析，以便于后评价报告使用者能够迅速了解到项目的整体情况，掌握项目的基本要点。

二、评价内容与要点

项目概况的主要内容包括项目基本情况、项目决策要点、项目主要建设内容、项目实施进度、项目投资、项目资金来源及到位情况、项目运行现状及效益。

1. 项目基本情况

简述项目名称及建设地点，建设规模及电厂容量，项目业主及项目投资方，项目性质，主要参加建设的单位，批准的生产能力和建设规模，项目的主要技术特点和主要系统及设备情况。

2. 项目决策要点

项目决策要点主要从是否满足国家政策、电力系统安全稳定运行、提高电力系统调峰能力、电力市场扩展、节约能源、保护环境等方面，具体论述项目建设的必要性。

3. 项目主要建设内容

项目主要建设内容主要介绍包括前期工程、筹建工程、枢纽工程、道路工程、弃渣场料场工程、施工临时设施及移民安置工程等工程的建设内容。

4. 项目实施进度

项目实施进度主要介绍内容包括项目批复/核准的总工期、实际建设总工期、各关键节点完成时间。其中，各关键节点完成时间主要包括主体工程开工时间、首台机组投产发电时间、所有机组全部投产发电时间等。

5. 项目投资

项目投资主要介绍内容包括项目建议书估算的工程静态总投资、动态总投资；项目可行性研究核准的工程静态总投资、动态总投资；竣工决（结）算总投资等。

6. 项目资金来源及到位情况

项目资金来源主要介绍项目各项资金来源情况及项目建设期间工程资

金到位情况，资金来源包括资本金、银行借款等。

7. 项目运行现状及效益

项目运行现状及效益主要介绍抽水蓄能电站项目投运后的发电电量、抽水耗电量、台均非停次数、净利润等指标的发展态势。

第二节　项目建设过程评价

一、前期决策阶段评价

1. 评价目的

抽水蓄能电站项目投资巨大，决策的失误将造成重大的损失，因此，科学决策的重要性不言而喻。前期决策评价的主要目的是通过对比项目决策阶段与实际竣工投产阶段的相关内容，通过梳理项目决策程序，评价前期决策流程的合规性。

2. 评价内容与要点

项目前期决策评价主要是对项目整个决策阶段的工作总结与评价。评价涵盖工程的项目立项必要性、项目决策程序、项目决策水平等，评价内容主要包括项目立项评价、项目决策程序评价、项目决策水平评价等。

（1）项目立项评价

项目立项评价包括项目立项必要性评价和可行性研究报告评价两个部分。

项目立项必要性评价主要通过分析相关电网发展现状、抽水蓄能电站项目的市场空间和调峰容量空间、对电力系统调频调压的作用等，对项目立项依据进行评价。

可行性研究报告评价主要通过梳理提炼可行性研究报告中关于项目建设的必要性及效益、工程总体布置设计、经济评价等方面的主要内容，与国家的技术、产业、环境政策等进行对比，评价可行性研究报告论证的充分性。

（2）项目决策程序评价

项目决策阶段的主要环节包括得出综合评价结论、评价项目是否符合国家宏观经济政策和企业投资战略、项目报批手续是否齐全、是否符合国家基本建设管理程序的规定。

（3）项目决策水平评价

项目决策评价是通过对比抽水蓄能电站项目重要事项的决策目标和实际执行情况，内容包括建设规模、主要设计方案、机电设备、资金筹措方案、建设进度、投资控制等，分析相关指标内容的差异，对项目的决策水平进行综合评价。

3. 评价依据

项目前期决策评价依据如表 4-1 所示。

表 4-1　项目前期决策评价依据

序号	评价内容	评价依据
1	可行性研究评价	1.《水电工程预可行性研究报告编制规程》（NB/T 10337—2019）； 2.《水电工程可行性研究报告编制规程》(DL/T 5020—2007)
2	项目决策程序评价	1.《企业投资项目核准暂行办法》(发改委第 19 号令)； 2.《国务院关于取消和下放一批行政审批项目等事项的决定》(国发〔2013〕19)； 3. 地方政府投资主管部门有关水电工程项目核准办法； 4. 各企业水电工程前期工作管理办法
3	项目决策水平评价	1.《水电工程预可行性研究报告编制规程》（NB/T 10337—2019）； 2.《水电工程可行性研究报告编制规程》(DL/T 5020—2007)； 3. 各企业水电工程前期工作管理办法

二、准备阶段评价

1. 评价目的

工程实施准备是项目建设施工必要的基础性工作，对项目实施准备工作进行评价，主要目的是通过实施准备各项工作合规性检查，评价实施准备工作的充分性，以及是否满足项目建设及施工需要。

2. 评价内容与要点

项目实施准备评价是评价从初步设计到正式开工的各项工作是否符合国家、行业及企业的有关标准、规定。评价内容主要包括项目征地移民评价、勘察设计评价、招标及合同签订评价、资金来源及融资方案评价、开工准备评价。

（1）项目征地移民评价

项目征地移民评价需要对征地移民审批流程规范性、相关支持性文件齐全性、征地移民完成情况进行评价。征地移民完成情况评价主要是对各类征用土地面积、移民搬迁安置人口数量、征地移民安置补偿费用等指标进行分析（表 4-2）。

表 4-2　建设征地和移民安置资金使用情况　　单位：万元

序号	项目	可研概算	规划调整	实际拨付资金
	总投资			
1	建设征地和移民安置补偿费	2145	2145	2247
1.1	农村补偿部分	1026	1059	1059
1.2	专业项目处理补偿费用	265	265	265
1.3	…			
1.4	…			
2	…			
2.1	…			
2.2	…			
2.3	…			
3	…			

（2）勘察设计评价

项目勘察设计评价主要包括勘察设计单位资质评价、勘察设计进度评价、勘察设计质量评价、勘察设计管理工作评价。

勘察设计单位资质评价主要是核实设计单位资质等级和设计范围，评价设计单位是否具备承担项目的资质和条件。

勘察设计进度评价主要评价各单项工程设计工作是否按计划进度完成；若有推迟设计进度的，应说明其原因。简要叙述施工图设计会审及设计交底开展情况，评价其是否符合国家、行业、抽水蓄能企业相关管理规定。

勘察设计质量评价，一方面对设计依据进行评价，主要是对检查项目是否依据国家相关的政策、法规和规章等相关依据开展勘察设计；另一方面，对设计内容深度进行评价，主要是简要叙述设计文件包括的主要内容，评价其是否符合行业及相关企业内容深度规定的要求。

勘察设计管理工作评价主要从宏观角度对勘察设计工作的管理体系、管理流程、管理质量进行评价，评价项目设计工作是否有序、有效开展等方面。

（3）招标及合同签订评价

招标及合同签订评价包括主要项目的招标及合同签订评价、工程整体的招标工作评价及合同签订评价。

各主要项目的招标评价均应对各投标人综合得分及排序情况进行梳理，评价项目的招标范围、招标方式、招标组织形式、招标流程和评标方法是否符合有关招投标管理规定（表 4-3）。

表 4-3　各投标人综合得分及排序情况

序号	投标人	总分	综合排名
1	中国水利水电××工程局有限公司	96	1
2			
3			
4			
5			
…			

工程整体的招标工作评价主要包括招投标工作总体情况的梳理及招投标工作程序评价，评价其是否合规、合理（表 4-4）。

表 4-4　参建单位招标情况统计　　　单位：万元

序号	招标批号	招标时间	中标单位名称	中标金额
1	CSXN-5647821	2014-08-15	中国水利水电××工程局有限公司	36584
2				
3				
4				
5				
…				

工程整体的合同签订工作评价通过对项目所有建设合同的内容、金额、时间及签订流程等进行统计梳理，对合同签订过程中的合规性、公平性、公正性、客观性等进行评价。项目合同签订情况见表 4-5。

表 4-5　项目合同签订情况　　　单位：万元

序号	合同名称	乙方	合同金额	签订日期
1	上水库土建施工合同	中国水利水电××工程局有限公司	36584	2014-08-26
2				
3				
4				
5				
…				

（4）资金来源及融资方案评价

梳理项目可行性研究、实际竣工等各阶段资金来源、筹措方式、资本金比例及金额有无变化，如有变化，说明变化原因。评价资本金比例是否满足国家项目资本金制度有关要求（表 4-6）。

表 4-6 资金筹措统计 单位：万元

项目阶段	资金来源	金额
可研批复或核准	资本金	
	贷款	
	…	
	…	
实际竣工	…	
	…	
	…	
	…	

（5）开工准备评价

开工准备评价，需要对施工图设计满足施工进度情况、施工及监理单位的人材机准备情况、现场“四通一平”工作完成情况、资金落实情况等开工准备工作是否完善进行评价。开工准备条件落实情况统计见表 4-7。

表 4-7 开工准备条件落实情况统计

序号	开工条件	落实情况	备注
1	项目组织管理机构和规章制度健全	已落实	开工前，公司已注册成立
2	项目初步设计已经批复	已落实	开工前，项目初步设计已经批复
3	项目资金已经落实	已落实	开工前，项目资金已经落实
4	…		
5	…		
6	…		
7	…		
8	…		
9	…		
10	开工条件落实率（%）		

3. 评价依据

项目准备阶段评价依据如表 4-8 所示。

表 4-8 项目准备阶段评价依据

序号	评价内容	评价依据
1	征地移民评价	1.《中华人民共和国土地管理法》； 2.《关于完善征地补偿安置制度的指导意见》； 3. 省（市）人民政府关于征地补偿标准等有关规定
2	勘察设计评价	1. 各企业勘察设计内容深度规定； 2. 各企业勘察设计评审管理办法
3	招标及合同签订评价	1.《中华人民共和国招标投标法》及相关法律、法规； 2. 各企业招标活动管理办法； 3. 各企业招标采购管理细则； 4.《中华人民共和国民法典》及相关法律、法规； 5. 各企业合同管理办法； 6. 各企业合同管理细则
4	资金来源及融资方案评价	1.《国务院关于固定资产投资项目试行资本金制度的通知》； 2.《国务院关于调整固定资产投资项目资本金比例的通知》
5	开工准备评价	《关于电力基本建设大中型项目开工条件的规定》

三、实施和竣工阶段评价

（一）评价目的

项目建设实施阶段是项目财力、物力集中投入和消耗的阶段，对项目是否能发挥投资效益具有重要意义。项目建设实施评价的主要目的是通过对建设组织、“四控”及竣工阶段的管理工作进行回顾，考察管理措施是否合理有效，预期的控制目标是否达到。

（二）评价内容与要点

项目建设实施评价主要是对项目开工建设至工程投运阶段工作的总结

与评价。评价内容主要包括项目安全控制评价、项目质量控制评价、项目进度控制评价、项目投资控制评价、项目合同执行与管理评价、项目竣工验收评价、参建单位管理水平评价。

1. 项目安全控制评价

安全控制评价，主要评价安全管理体系管控效果和安全管理体系建设和措施。

（1）安全管理体系管控效果

评价工程安全管理体系管控效果，是否实现安全目标。

（2）安全管理体系建设和措施

评价项目安全管理体系及措施是否完备，是否符合国家、行业和企业的相关要求。

2. 项目质量控制评价

质量控制评价根据竣工验收结果和运行情况，全面评价工程及设备质量水平，同时依据法律、法规、规程和规范评价工程质量保障体系的完备性。

（1）质量控制效果评价

评价工程质量控制措施实施效果，是否实现质量控制目标，可以按照表4-9内容进行统计评价。

表4-9　单位工程验收评定情况一览表

序号	单位工程	合格率	优良率
1	上水库主坝工程	100%	98.65%
2			
3			
4			
5			
…			

（2）质量保障措施评价

评价工程质量保障措施是否符合行业和企业相关要求，可按照以下步骤进行：

① 查阅工程建设单位、设计单位、监理单位和施工单位编制的施工组织设计报告或工作方案，梳理工程质量控制组织措施。

② 评价工程质量保障体系是否完备，是否符合法律、法规、规程和规范的相关规定。

3. 项目进度控制评价

项目进度控制评价主要通过梳理工程整体实施进度情况，对比实际建设工期与计划工期之间的差异，评价工程的进度控制水平。

（1）工程整体实施进度评价

抽水蓄能电站项目的建设进度受到多方面因素的影响，如当地气候条件、设备供货进度的制约等，项目进度控制评价需透过计划工期和实际工期的偏差，分析影响工程进度的主要因素（表 4-10）。

表 4-10　主体工程建设进度对比

项目名称	计划完工时间	实际完工时间	工期偏差（天）（实际－计划）
一、主要土建工程			
上库导流洞开挖	2018-02-05	2018-02-05	0
上库导流洞开挖完成			
上库导流洞具备过流条件			
…			
二、主要电气设备供货			
1 号发电电动机			
2 号发电电动机			
3 号发电电动机			
4 号发电电动机			
…			

(2) 施工进度控制措施评价

梳理施工单位进度控制措施，评价进度控制措施实施效果。

4. 项目投资控制评价

项目投资控制评价主要是工程投资偏差分析，在建设项目施工中或竣工后，对概算执行情况的分析。评价内容主要包括项目融资方案与资金计划执行情况、投资（概算）总体执行情况及资金控制情况评价3个部分。

(1) 融资方案与资金计划执行情况

评价实际融资方案对项目原定目标和效益指标的作用和影响，如注册资本金占总投资的比例有无变化。梳理建设过程中资金到位情况，评价资本金比例是否符合相关规定和资本金制度执行情况（表4-11）。

表4-11　项目融资方案情况　　单位：万元

序号	文件名称	融资金额	资金到位金额
1	××银行贷款承诺函	××	××
2			
3			
4			
…			

(2) 投资（概算）总体执行情况

通过列表对比实际竣工决算与初设批准概算，评价项目整体的竣工财务决算投资较项目批复概算投资的偏差情况（表4-12）。

(3) 资金控制情况评价

资金控制情况评价主要是针对各分项工程投资情况，对比决算投资与批复概算投资中的细分项目。一般项目投资可分为建筑工程费、安装工程费、设备购置费及其他费用几个部分。

在对各分项工程投资情况评价的基础上，评价在整个项目的建设过程中如何进行投资的控制管理，梳理具体控制造价措施，总结说明投资控制的经验教训。

表 4-12　投资执行情况

单位：万元

序号	工程项目	概算价值					实际价值				抵扣增值税	实际价值合计（含税）	实际（含税）较概算	
		建筑工程	安装工程	设备购置	其他费用	合计	建筑工程	安装工程	设备购置	其他费用			结余金额	结余率
一	枢纽建筑物													
1	施工辅助工程	14061	3599	12035	0	29695	12733	3873	10448	0	1526	28580	1115	3.75%
2	建筑工程	26354	7548	12648	1235	47785	25684	9657	11694	1026	1265	49326	−1541	−3.22%
3	…													
4	…													
5	…													
二	建设征地和移民安置													
（一）	水库淹没处理													
1	…													
2	…													
3	…													
4	…													
（二）	建设场地													
1	…													
三	独立费用													
1	…													
2	…													
3	…													
4	…													
四	…													
五	…													
六	…													
	…													

5. 项目合同执行与管理评价

项目合同管理是为加强合同管理，避免失误，提高经济效益，根据《中华人民共和国民法典》及其他有关法规的规定，结合项目单位的实际情况，制定的一项有效进行合同管理的制度。

项目合同执行与管理评价主要评价项目合同签订是否及时规范及合同条款履行情况。

（1）合同签订情况评价

评价项目合同签订情况，可以按照表 4-13 内容进行统计评价。

表 4-13　合同签订及时性统计

序号	合同名称	中标通知书发出时间	合同签订时间
1	上水库土建施工合同	2014-08-15	2014-08-26
2			
3			
4			
…			

（2）合同执行情况评价

评价项目合同执行情况，可按照以下步骤进行：

① 评价合同整体执行情况，双方各自履行义务的情况，有无发生违约现象。对比勘察设计合同、监理合同及施工合同中主要条款的执行情况并对执行差异部分进行原因责任的分析（表 4-14）。

表 4-14　合同履行情况评价分析框架

序号	合同名称	合同执行情况	原因与责任
1	上水库土建施工合同	施工单位按合同内容施工，质量优良	
2			
3			
4			
…			

② 评价合同进度条款执行情况。查阅勘察设计、设备采购及其他合同中进度条款的执行情况，并分析原因、界定责任（表 4-15）。

表 4-15　合同进度条款履行情况评价分析框架

序号	合同名称	实际进度执行情况	原因与责任
1	上水库土建施工合同	符合合同工期的要求	
2			
3			
4			
…			

③ 评价合同资金支付条款执行情况。评价合同支付金额是否符合规定比例，合同支付时间是否及时（表 4-16）。

表 4-16　合同条款支付情况评价分析框架　　单位：万元

序号	合同名称	合同金额	实付款金额	实付款占应付款比例
1	上水库土建施工合同	36584	35015	95.71%
2				
3				
4				
…				

④ 评价合同主要变更情况。评价合同变更依据的充分性、合同变更流程的合规性与及时性。

6. 项目竣工验收评价

竣工验收是全面考核建设工作，检查是否符合设计要求和工程质量的重要环节，对促进建设项目（工程）及时投产、发挥投资效果、总结建设经验有重要作用。项目竣工验收主要从验收流程、总体验收、专项验收 3 个方面评价（表 4-17）。

表 4-17　各项专项验收统计

项目	文件名	文号	验收单位	结论
水土保持专项验收	《生产建设项目水土保持设施验收鉴定书》	水保函〔20××〕××号	省水利厅	符合水土保持设施验收的条件，同意通过水土保持设施验收
环境保护专项验收				
…				
…				
…				

7. 参建单位管理水平评价

评价业主单位、设计单位、施工单位、监理单位、设备监造单位等参建单位在建设过程中采用的管理模式，项目的组织管理机构设置情况，项目管理体制及规章制度情况，项目经营管理策略情况，并且对参建单位的管理实施效果进行评价。

（三）评价依据

实施和竣工阶段评价依据如表 4-18 所示。

表 4-18　实施和竣工阶段评价依据

序号	评价内容	评价依据
1	项目安全控制评价	1. 《水利工程建设安全生产管理规定》（水利部令第 26 号）； 2. 各企业施工安全相关规定
2	项目质量控制评价	1. 国家和水利行业颁布的一系列规范和标准； 2. 各企业工程质量管理办法； 3. 《建设工程质量管理条例》（国务院令第 279 号）； 4. 《水利工程质量监督管理规定》（水利部水建〔1997〕339 号）
3	项目进度控制评价	各企业项目进度计划管理办法

续表

序号	评价内容	评价依据
4	项目投资控制评价	1.《国务院关于调整和完善固定资产投资项目试行资本金制度的通知》(国发〔2015〕51号); 2.《建设工程价款结算暂行办法的通知》(财建〔2004〕369号); 3. 各企业关于工程资金管理办法
5	项目合同执行与管理评价	1.《中华人民共和国民法典》; 2. 各企业合同管理办法
6	项目竣工验收评价	1.《水电工程验收管理办法(2015年修订版)》(国能新能〔2015〕426号); 2.《水电工程验收规程》(NB/T 35048—2015); 3. 各企业建设项目(工程)竣工验收办法

注:相关评价依据应根据国家、企业相关规定,动态更新。

第三节 项目运营和效益评价

一、运营评价

(一)评价目的

抽水蓄能电站投运后的安全生产情况、运行管理、设备检修情况、技术改进情况及检修管理关系着项目运行、检修及其管理体系是否规范、完善。项目运行检修及其管理评价的主要目的是对项目进入生产经营阶段后对运行检修及运检管理制度执行的情况进行评价,以此体现项目管理单位的经营管理水平。

(二)评价内容与要点

项目运营评价应包括项目生产运营状况、技改、检修情况及效果等内容的回顾与评价。

评价要点应包括但不限于项目运行管理体制的建立和实施效果、项目运行水平、运行效率、生产技改、检修情况及效果等。

1. 生产运行情况评价

抽水蓄能电站项目后评价生产运行情况评价，主要从运行水平和运行可靠性两个方面进行评价，包括各台机组历年发电电量和抽水电量、利用小时数、停运情况及启动和消缺情况等指标，以及保电及事故应急支援情况的评价。

（1）自项目投运年至项目评价年，对抽水蓄能电站各台机组的生产运行水平进行基础数据整理，针对抽发电量测算机组综合效率、利用小时数测算机组等效可用系数，分别评价两项指标是否达到可研预期及同类电站水平，并分析原因。

（2）统计对比每台机组历年计划停运小时、非计划停运小时，测算计划停运率、非计划停运率，分析非计划停运和强迫停运原因，以及相应的处理措施。

（3）统计对比每台机组历年发电启动次数、发电启动成功次数、抽水启动次数、抽水启动成功次数，测算发电启动成功率、抽水启动成功率，分析启动不成功的原因及解决措施。

（4）统计分析电站历年参与保电及事故应急支援工作，分析电站采取的有效措施及产生的作用。

2. 技改、检修情况评价

抽水蓄能电站项目后评价技改、检修情况评价，主要从技改和检修两个方面进行评价。

（1）技改情况评价，梳理项目投运后历年技改项目开展情况，对比实际开展与计划的偏差，包括技改内容、投资、实施效果等。

（2）检修情况评价，对项目投运后历年开展的检修项目进行分类，总结项目的检修情况和实施效果，对检修过程中各项制度、规定和程序的制定等项目检修管理和执行效果做出评价。

（三）评价依据

项目运营检修评价依据如表 4-19 所示。

表 4-19　项目运营检修评价依据

序号	评价内容	评价依据
1	项目生产运营评价	抽水蓄能电站生产准备导则
2	技改、检修情况评价	抽水蓄能电站检修导则

二、技术评价

（一）评价目的

项目技术水平评价是抽水蓄能电站后评价中的重要环节，项目技术水平决定了抽水蓄能电站的可行性和未来运行的好坏。项目技术水平评价的主要目的是通过对工程设计阶段及投产运行阶段机组主要技术性能与主要设备经济性能的评价，为电站的高效稳定运行及检修，以及今后的抽水蓄能电站项目优化设计、不断提升机组性能和运行水平提供建议。

（二）评价内容与要点

技术评价应包括项目技术的先进性、安全性、经济性、适用性、设备国产化水平，对新技术、新设备、新工艺、新方法、新流程、新材料（简称“六新”）的应用，以及项目达标、创优情况等内容。

评价重点应包括但不限于项目技术功能目标实现程度、项目资源利用效果、项目技术创新程度等。

1. 技术的先进性、安全性、经济性、国产化水平评价

梳理总结项目采用技术的先进性、安全性、经济性、国产化水平，对工艺技术流程、技术装备选择的先进性、可靠性、适用性、经济合理性的再分析。针对机组运行期内存在的问题，分析问题产生的原因并且总结经验。

2. “六新”应用情况评价

论述工程在设计阶段、实施阶段、投产运行阶段新技术、新设备、新工艺、新方法、新流程、新材料的使用情况及其效果。

3. 项目达标、创优情况评价

梳理总结项目达标、创优实际完成情况，以及项目获奖情况，总结项目在实施过程和运行过程中采取的创优措施，取得的创优成果。

（三）评价依据

项目技术水平评价依据如表 4-20 所示。

表 4-20　项目技术水平评价依据

序号	评价内容	评价依据
1	技术的先进性、安全性、经济性、国产化水平评价	相关技术标准文件
2	“六新”应用情况评价	相关技术标准文件
3	项目达标、创优情况评价	—

三、经济效益评价

（一）评价目的

经济效益评价包括项目财务评价和国民经济评价。

财务评价是投资项目后评价的重要组成部分和重要环节，通过梳理后评价时点之前项目实际发生的投资、收入、成本等，结合当前政策环境和项目发展趋势，预测后评价时点之后的财务数据，计算项目的内部收益率、净现值、投资回收期等财务指标，综合评价投资项目盈利能力、偿债能力，为项目提质增效、可持续发展提供建议。

国民经济评价是从国家和社会整体角度考察项目的效益和费用，分析计算项目对国民经济的净贡献，评价项目的经济合理性，为投资决策提供宏观依据。抽水蓄能电站项目建设属于基础建设，具有重要的社会属性和公益属性，很多情况下其投资不单纯为财务效益或者财务效益优先，更多是考虑公益性。开展国民经济评价能更为客观全面地考察项目决策和建设的综合效益和决策的科学性。

（二）评价内容与要点

1. 财务评价

财务效益评价主要是计算后评价时点的抽水蓄能电站项目财务效益相关指标，并与可研阶段相应指标进行对比，分析项目财务效益情况，并分析效益偏差的主要原因。抽水蓄能电站项目效益评价计算主要参数如下：

（1）总投资：总投资反映项目的投资规模，分别形成固定资产、无形资产和其他资产3部分。

（2）总成本费用：抽水蓄能电站项目总成本费用包括生产成本和财务费用两个部分。生产成本包括抽水电费、折旧费、工资及福利费、材料费及修理费、委托运行维护费、财产保险费、摊销费、其他费用等。

（3）财务收益：抽水蓄能电站项目财务收益主要是电量收入和容量收入。

抽水蓄能电站项目财务效益评价是基于总成本费用、财务收益及相关财务参数，科学地进行财务指标计算，并开展敏感性分析，从而分析评价项目的盈利能力、清偿能力。相关指标如下：

（1）盈利能力指标：包括资本金财务内部收益率、全投资财务内部收益率、投资回收期、投资利税率、投资利润率、资本金利润率、资本金财务净现值等。

（2）偿债能力指标：包括利息备付率、偿债备付率、资产负债率、流动比率、速动比率等。

抽水蓄能电站项目财务效益评价要点与方法如下：

（1）成本费用测算

1）总投资

抽水蓄能电站项目总投资包括项目动态投资和生产流动资金。

项目动态投资即决算投资，包括资本金、银行借款和债券资金等，数据来源于项目竣工决算报告。

生产流动资金可以采用详细法和规模法估算，后评价阶段一般按规模法估算，即按生产流动资金占固定资产原值的5‰计算。

2）总成本费用

总成本费用指抽水蓄能电站项目在生产经营过程中发生的物质消耗、劳动报酬及各项费用。根据电力行业的有关规定及特点，总成本费用包括生产成本和财务费用两个部分。生产成本包括抽水电费、折旧费、材料费及修理费、委托运行维护费、财产保险费、摊销费、其他费用等。

① 抽水电费指项目运营过程中抽水所耗用的购电费用，按抽水电量和抽水电价计算。

$$抽水电费=抽水电量\times抽水电价 \tag{4-1}$$

② 折旧费指固定资产在使用过程中，对磨损价值的补偿费用，按年限平均法计算。

$$年折旧费=固定资产原值\times折旧率 \tag{4-2}$$

$$固定资产原值=固定资产投资+建设期利息-无形资产价值-递延资产价值 \tag{4-3}$$

折旧率可根据《工业企业财务制度》中的固定资产分类折旧年限表分项加权平均计算，也可由企业根据近3年的统计资料平均值计算确定。

③ 工资及福利费指项目生产和管理人员的工资和福利费，包括职工工资、奖金、津贴和补贴，职工福利费及由职工个人缴付的医疗保险费、养老保险费、失业保险费、工伤保险费、生育保险费等社会保障费和住房公积金。按抽水蓄能电站全站定员和全站人均年工资总额（含福利费）计算。

$$年工资及福利费=全站定员\times全站年工资总额（含福利费） \tag{4-4}$$

④ 材料费指生产运行、维护和事故处理等所耗用的各种原料、材料、备品备件和低值易耗品等费用。材料费按照项目运营过程中实际发生数据计算。

⑤ 修理费指为保持固定资产的正常运转和使用，对其进行必要修理所发生的费用。修理费按照项目运营过程中实际发生数据计算。缺乏资料

时，修理费可按照固定资产价值的 1.5％计算，其中 1.2％为固定修理费、0.3％为可变修理费。

⑥ 委托运行维护费指外委第三方对项目部分设备或者设施进行运行维护管理所发生的费用。委托运行维护费按照项目运营过程中实际发生数据计算。

⑦ 财产保险费可按实际保险费率进行，即以固定资产净值的一定比例计算，另外也可以按每年固定的额度计算。

⑧ 摊销费包括无形资产和递延资产的分期摊销，没有规定期限的暂按5～10 年摊销。

⑨ 其他费用指不属于以上各项而应计入生产成本的其他成本，主要包括公司经费、工会经费、职工教育经费、劳动保险费、待业保险费、董事会费、咨询费、聘请中介机构费、诉讼费、业务招待费、房产税、车船使用税、土地使用税、印花税、研究与开发费等。

⑩ 财务费用指企业为筹集债务资金而发生的费用，主要包括长期借款利息、流动资金借款利息和短期借款利息等。

长期借款利息可以按等额还本付息、等额还本利息照付及约定还款方式计算。流动资金借款利息，按期末偿还、期初再借的方式处理，并按一年期利率计息：

$$\text{年流动资金借款利息}=\text{年初流动资金借款余额}\times\text{流动资金借款年利率} \tag{4-5}$$

短期借款利息的偿还按照随借随还的原则处理，即当年借款尽可能于下年偿还，借款利息的计算同流动资金借款利息计算方式。

经营成本是项目财务分析中所使用的特定概念，包括燃料费、用水费、材料费、工资及福利费、修理费、脱硫剂费用、脱硝剂费用、排污费用、其他费用及保险费。

$$\text{经营成本}=\text{总成本费用}-\text{折旧费}-\text{摊销费}-\text{财务费用} \tag{4-6}$$

财务分析涉及的税费主要包括增值税、城市维护建设税和教育费附加、企业所得税。如有减免税优惠，应说明依据及减免方式并按相关规定估算。

抽水蓄能电站项目财务分析采用不含（增值）税价格的计价方式。

财务分析应按税法规定计算增值税，计算公式为

$$增值税=销项税额-进项税额 \tag{4-7}$$

在计算完成财务效益与费用估算后，根据项目建设进度计划编制财务分析辅助报表，包括流动资金估算表、投资使用计划与资金筹措表、借款还本付息计划表、固定资产折旧、无形资产及其他资产摊销估算表和总成本费用估算表。

（2）财务收益测算

抽水蓄能电站项目运营过程中产生的财务收益与其采用的价格机制密切相关。目前，我国抽水蓄能电站项目实际采用的价格机制主要有单一电量电价、单一容量电价（租赁制）、两部制电价等 3 种。在进行财务评价时，应考虑抽水蓄能电站项目实际采用的价格机制，并结合容量、电量价格计算项目财务收益。

1）单一电量电价

抽水蓄能电站单一电量电价，考虑了电站的全部成本（包括抽水电费、合理利润、电站的还本付息及依法计入的税金）。在这种情况下，抽水蓄能电站的收益，将完全取决于上网电价和年度上网电量。

$$财务收益=上网电价\times上网电量 \tag{4-8}$$

2）单一容量电价（租赁制）

电网公司给抽水蓄能电站支付租赁费，租赁费包括电站的总成本（不含抽水用电费）、还本付息、税金、投资者回报等，租赁费计入电网经营企业成本。租赁费与抽发电量无关，抽水蓄能电站也不用考虑抽水电量、发电电量的多少及抽水电价和发电电价的高低，企业抽发电量的多少与企业盈利水平关系不大。在这种情况下，抽水蓄能电站的收益，即为租赁费。

3）两部制电价

抽水蓄能电站的两部制电价包括容量电价和电量电价。容量电价考虑了电站回收大部分固定发电成本、还本付息、合理利润和应计税费；电量电价考虑了抽水电费和小部分固定成本及部分利润。两部制电价将容量电价与电量电价分开计费。

$$\text{财务收益}=\text{容量价格}\times\text{上网容量}+\text{电量价格}\times\text{上网电量} \tag{4-9}$$

（3）财务指标计算与评价

1）盈利能力

① 财务内部收益率（Financial Internal Rate of Return，FIRR），是考虑到抽水蓄能电站项目在全生命周期内净现金流量的现值之和为0时的折现率，即把抽水蓄能电站项目的财务净现值折现为0时的折现率，是考察抽水蓄能电站项目盈利能力的主要动态评价指标。其计算公式如下：

$$\sum_{t=1}^{n}(\mathrm{CI}-\mathrm{CO})_t(1+\mathrm{FIRR})^{-t}=0 \tag{4-10}$$

式中，CI为现金流入量；*CO*为现金流出量；FIRR为财务内部收益率；$(\mathrm{CI}-\mathrm{CO})_t$为第$t$期的净现金流量；$n$为项目计算期。

一般而言，求出的*FIRR*应与行业的基准收益率（i_c）比较。当$FIRR\geqslant i_c$时，应认为项目在财务上是可行的。同时，还可通过给定期望的财务内部收益率，测算不同类型项目的电量电价和容量电价，与政府主管部门批准的电量电价和容量电价进行对比，判断项目的财务可行性。

② 财务净现值（Financial Net Present Value，FNPV），是在电量电价和容量电价全生命周期内的各项净现金流量，按照电力行业的基准收益率或选定的标准折现率折现到项目初期的现值总和。计算公式如下：

$$\mathrm{FNPV}=\sum_{t=1}^{n}\mathrm{CF}_t(1+i)^{-t} \tag{4-11}$$

式中，CF_t为各期的净现金流量；n为项目计算期；i为基准收益率；FNPV为财务净现值。

只有当财务净现值大于或等于0时，项目在经济上才是可行的，财务净现值越大，项目的盈利水平也就越高。

③ 项目投资回收期（Payback Period，PBP），是以投资收益来回收项目初始投资所需要的时间，是考察项目财务上投资回收能力的重要静态评价指标，也是评价项目风险的重要指标，项目的投资回收期越短，风险越小。可通过求解项目累计现金流量为 0 的时计算而得

$$\sum_{t=1}^{P_t} (\mathrm{CI}-\mathrm{CO})_t = 0 \tag{4-12}$$

投资回收期也可用项目投资现金流量表中累计净现金流量计算求得，即动态投资回收期，计算公式如下：

$$P_t = T - 1 + \frac{\left|\sum_{i=1}^{T-1} (\mathrm{CI}-\mathrm{CO})_i\right|}{(\mathrm{CI}-\mathrm{CO})_T} \tag{4-13}$$

式中，T 为各年累计净现金流量首次为正值或零的年数。

项目投资回收期指标因其未考虑到资金的时间价值、风险、融资及机会成本等重要因素，并且忽略了回收期以后的收益，所以往往仅作为一个辅助评价方法，结合其他评价指标来评估各投资方案风险的大小。

④ 投资利税率（Rate of Profit-Tax on Investment，RPTOI），指项目达到设计生产能力后的一个正常生产年份的年利税总额或项目生产经营期内的年平均利税总额与总投资的比率，当投资利税率高于或等于行业基准投资利税率时，证明项目可以采纳。计算公式如下：

投资利税率＝年利税总额或平均利税总额/总投资×100%　(4-14)

⑤ 投资利润率（Rate of Profit on Investment，RPOI），指项目达到设计生产能力后的一个正常生产年份的年利润总额或项目生产经营期内的年平均利润总额与总投资的比率，当投资利润率高于或等于行业基准投资利润率时，证明项目可以采纳。计算公式如下：

投资利润率＝年利润总额或平均利润总额/总投资×100%　(4-15)

⑥ 项目资本金净利润率（Return on Equity，ROE），是指项目经营期内达到正常设计能力后一个正常年份的年税后净利润或运营期内平均净利

润（Net Profit，NP）占项目资本金（Equity Capital，EC）的比率，反映了项目投入资本金的盈利能力。计算公式如下：

$$ROE=\frac{NP}{EC}\times 100\% \tag{4-16}$$

式中，NP为项目正常年份的年净利润或运营期内年平均净利润；EC为项目资本金。

项目资本金净利润率体现的是单位股权资本投入的产出效率。项目资本金净利润率常用于比较同行业的盈利水平，在其他条件一定的情况下，项目资本金净利润率高于同行业的净利润率参考值，表明用项目资本金净利润率表示的盈利能力满足要求。

2）清偿能力

① 利息备付率（Interest Coverage Ratio，ICR），指在借款偿还期内的息税前利润（EBIT）与应付利息（PI）的比值，考察的是项目现金流对利息偿还的保障程度，计算公式如下：

$$ICR=\frac{EBIT}{PI} \tag{4-17}$$

式中，EBIT为息税前利润；PI为计入总成本费用的应付利息。

利息备付率反映了项目获利能力对偿还到期利息的保证倍率。要维持正常的偿债能力，利息备付率应不小于2。利息备付率越高，项目的偿债能力越强。

② 偿债备付率（Debt Service Coverage Ratio，DSCR），是指在借款偿还期内，项目各年可用于还本付息的资金与当期应还本付息金额的比值，计算公式如下：

$$DSCR=\frac{(EBITAD-TAX)}{PD}\times 100\% \tag{4-18}$$

式中，EBITAD为息税前利润加折旧和摊销；TAX为企业所得税；PD为应还本付息金额，包括还本金额和计入总成本费用的全部利息。融资租赁费用可视同借款偿还。运营期内的短期借款本息也应纳入计算。

偿债备付率反映了项目获利产生的可用资金对偿还到期债务本息的保证程度，偿债备付率应不小于1.2。偿债备付率越高，项目的偿债能力越高，融资能力也就越强。

③ 资产负债率（Debt Asset Ratio，DAR），是用以衡量企业利用债权人提供资金进行经营活动的能力，以及反映债权人发放贷款安全程度的指标，通过将企业的负债总额与资产总额相比较得出，反映在企业全部资产中属于负债比率，计算公式如下：

$$资产负债率=负债总额/资产总额\times 100\% \quad (4\text{-}19)$$

资产负债率反映在总资产中有多大比例是通过借债来筹资的，也可以衡量企业在清算时保护债权人利益的程度。该指标是评价企业负债水平的综合指标。同时也是一项衡量企业利用债权人资金进行经营活动能力的指标，反映了债权人发放贷款的安全程度。

④ 流动比率（Current Ratio，CR），是流动资产对流动负债的比率，用来衡量企业流动资产在短期债务到期以前，可以变为现金用于偿还负债的能力。计算公式如下：

$$流动比率=流动资产/流动负债\times 100\% \quad (4\text{-}20)$$

一般说来，流动比率越高，说明企业资产的变现能力越强，短期偿债能力亦越强；反之则弱。一般认为流动比率应在2∶1以上。流动比率2∶1，表示流动资产是流动负债的两倍，即使流动资产有一半在短期内不能变现，也能保证全部的流动负债得到偿还。

⑤ 速动比率（Quick Ratio，QR），是速动资产对流动负债的比率，速动资产是企业的流动资产减去存货和预付费用后的余额，主要包括现金、短期投资、应收票据、应收账款等项目。该比率反映企业流动资产状况和短期偿债能力，用来衡量企业流动资产中可以立即用于偿还流动负债的能力。计算公式如下：

$$速动比率=速动资产/流动负债\times 100\% \quad (4\text{-}21)$$

$$速动资产=流动资产-存货$$

一般认为，当这一比率等于或大于 1 时，企业被认为有足够的能力偿还短期负债。

3）敏感性分析

敏感性分析是分析不确定性因素变化对效益指标的影响，找出敏感因素。抽水蓄能电站项目应进行单因素和多因素变化对效益指标的影响分析，结论应列表表示，并绘制敏感性分析图。敏感因素主要包括建设投资、电量、电价、运维成本等主要影响因素。

2. 国民经济评价

国民经济评价主要是计算后评价时点的项目经济净现值、经济内部收益率和经济效益费用比，并与可研阶段相关指标对比，说明偏差的原因，综合以上结果得出经济费用效益结论。

国民经济评价首先要进行费用和效益的识别，在此基础上需要结合国民经济评价的特点和要求进行相应调整。

（1）费用识别

在国民经济评价过程中，抽水蓄能电站项目的费用包括建设投资、运行费用等。

项目建设投资可直接采用项目竣工决算中的静态投资。

项目运行费用包括固定运行费用和可变运行费用。其中，固定运行费用包括固定修理费、工资福利及劳保统筹费和住房基金等；可变运行费用包括材料费、其他费、水费和燃料费等。需要指出，在进行运行费用计算时，不能直接借用财务评价中的成果，应剔除属于内部转移的有关费用，如大修理费计算不应含建设期利息等。

（2）效益识别

抽水蓄能电站除具有调峰填谷效益外，尚有调频、旋转备用和调相等效益。具体可按替代方案法进行计算。抽水蓄能电站项目的效益为替代方案的费用，包括替代方案所含电源的投资、运行费用（含燃料费）等。替代方案的费用需通过电力系统电源优化规划得出。

替代方案所含电源的投资指静态投资，为使比较基础一致，其价格基年应与设计电站相同。

替代方案运行费用包括固定运行费用和可变运行费用。运行费用计算方法同上述“费用识别”。

在计算替代方案的燃料消耗时，应结合系统电源构成，根据不同类型机组的燃料消耗特性曲线（含开停燃料消耗），采用等微增法或模拟生产法进行系统燃料消耗平衡计算。在此基础上，计算替代方案的燃料费用。

在计算抽水蓄能电站项目的容量效益和电量效益时，应考虑抽水蓄能电站和替代方案所含电源在检修、厂用电及强迫停运等运行特性上的差异。如在电源优化规划中未予考虑这些差异，一般情况下，容量效益和电量效益可以分别考虑 1.1 和 1.04 的扩大系数。

（3）国民经济指标计算与评价

在对各项费用和效益进行系统识别并科学调整后，计算核心评价指标。经济净现值等指标计算方法如下。

① 经济净现值（Economic Net Present Value，ENPV）是指用社会折现率将项目计算期内各年的经济净效益流量折算到项目建设期初的现值之和，是经济费用效益分析的主要指标。

经济净现值的计算公式为

$$ENPV = \sum_{t=1}^{n} (B-C)_t (1+i_s)^{-t} \tag{4-22}$$

式中，ENPV 为经济净现值；B 为经济效益流量；C 为经济费用流量；$(B-C)_t$ 为第 t 年的经济净效益流量；n 为计算期，以年计；i_s为社会折现率。

经济净现值是反映项目对社会经济净贡献的绝对量指标。项目的经济净现值等于或大于 0 表示社会经济为拟建项目付出代价后，可以得到符合或超过了社会折现率的基本要求，认为从经济效率看，该项目可以被接受。经济净现值越大，表明项目所带来的以绝对值表示的经济效益就越大。

② 经济内部收益率（Economic Internal Rate of Return，EIRR）是指能使项目在计算期内各年经济净效益流量的现值累计等于 0 时的折现率，

是经济费用效益分析的辅助指标。经济内部收益率可由式（4-23）表达：

$$\sum_{t=1}^{n}(B-C)_t(1+\text{EIRR})^{-t}=0 \tag{4-23}$$

式中，EIRR 为经济内部收益率，其余符号同前。

③ 效益费用比（Ratio of Benefit to Cost，RBC）是项目在计算期内效益流量的现值与费用流量的现值的比率，是经济费用效益分析的辅助评价指标。计算公式为

$$\text{RBC}=\sum_{t=1}^{n}B_t(1+i_t)^{-t}/\sum_{t=1}^{n}C_t(1+i_t)^{-t} \tag{4-24}$$

式中，RBC 为效益费用比；t 为项目计算期；B_t 为第 t 期的经济效益流量；C_t 为第 t 期的经济费用流量；i_t 为第 t 期的折现率。

如果效益费用比（RBC）大于 1，表明项目资源配置的经济效率达到了可以被接受的水平。

经济费用效益分析，一方面应从资源优化配置的角度，分析项目投资的经济合理性；另一方面应通过财务分析和经济费用效益分析结果的对比，分析市场的扭曲情况，判断政府公共投资是否有必要介入本项目的投资建设。因此，在项目的经济费用效益分析中，应包含对策建议的分析。包括内容具体如下：

① 经济费用分析强调以受益者支付意愿原则测算项目产出效果的经济价值，所以以经济费用效益分析来判断建设投资的经济价值及市场化运作能力。

② 通过财务现金流量与经济费用效益流量的对比分析，判断二者出现的差异及其原因，分析项目所在行业或部门存在的倒置市场失灵的现行政策，提出纠正政策干预适当、改革现行政策法规制度、提高部门效率的政策建议。

③ 通过项目费用及效益在不同利益相关者之间分布状况的分析，评价项目对不同利益相关群体的影响程度，分析项目利益相关群体收益或受损状况的经济合理性。

在以上工作的基础上，对抽水蓄能电站项目的间接效益进行全面系统分析。

区域经济影响分析主要考虑项目所处地域经济发展的趋势，分析建设抽水蓄能电站项目对当地经济发展、产业空间布局、当地财政收支、社会收入分配、市场竞争结构及是否可能导致结构失衡等角度进行分析评价。

行业经济影响分析应考虑行业现状基本情况，项目在行业中所处地位，对所在行业及关联产业发展、结构调整、行业垄断等的影响。并可进一步从技术扩散效果、上下游企业相邻效果、培养工程技术人才的效果等方面进行分析。

宏观经济影响分析主要考虑抽水蓄能电站项目对宏观经济发展的影响，包括土地利用、就业、地方社区发展、生产力布局、扶贫、技术进步等方面的影响和评价，以考察项目建设是否达到了预期目标，其目的就是最大限度地发挥投资效益，满足社会经济发展与人民物质生活水平提高的要求，促使项目与社会协调发展，为项目可持续发展提供保障。

（三）评价依据

项目经济效益评价依据如表 4-21 所示。

表 4-21　项目经济效益评价依据

评价内容	评价依据
财务效益评价	1.《建设项目经济评价方法与参数》（第三版）； 2.《抽水蓄能电站经济评价暂行办法实施细则》； 3. 国家、行业相关的财务税收政策制度； 4. 企业经济评价参数规定

四、经营管理评价

（一）评价目的

项目的经营管理情况关系着项目管理体系是否规范、完善。项目经营管理评价的主要目的是对项目进入生产经营阶段后对管理情况进行评价，体现了项目管理单位的经营管理水平。

（二）评价内容与要点

项目经营管理评价主要是对项目生产经营阶段的管理评价。通过项目经营管理实际情况与相关法律、法规、规定等进行对比，重点对项目经营管理规范性方面进行评价。评价内容主要包括管理机构设置及职能划分评价、生产管理及研发评价、经营管理及市场环境评价。

1. 管理机构设置及职能划分评价

评价管理机构设置及职能划分是否符合公司相关规定，是否发挥了应有的作用。

（1）查阅项目管理组织机构设置情况，评价其是否符合行业、上级公司规定要求。

（2）评价项目管理组织形式是否合理，是否发挥了应有的作用。

（3）评价项目管理信息网建设是否满足行业、上级公司规定的要求。

2. 生产管理及研发评价

梳理项目管理体制与规章制度建立情况和科技研发开展情况，评价其管理体制与规章制度是否符合行业、电网公司规定的要求。主要从绩效及薪酬等制度建立情况、科技研发情况等方面进行评价。

（1）绩效及薪酬等制度建立情况

① 查阅绩效及薪酬等制度建立情况，评价其是否符合行业、上级公司规定的要求。

② 评价绩效及薪酬等制度建立情况是否合理，是否发挥了应有的作用。

（2）科技研发情况

① 梳理总结项目运营阶段科技研发开展情况。

② 评价科技研发的必要性、效果，以及是否具有推广价值。

3. 经营管理及市场环境评价

（1）统计分析项目投运至后评价时点逐年利润情况，评价项目存在的经营风险。

（2）简述项目电价的报送、批复、调整和落实情况等，评价项目存在的市场风险。

（三）评价依据

项目经营管理评价依据如表 4-22 所示。

表 4-22　项目经营管理评价依据

序号	评价内容	评价依据
1	管理机构设置及职能划分	抽水蓄能电站上级公司相关规定
2	生产管理及研发	抽水蓄能电站上级公司相关规定
3	经营管理及市场环境	1. 相关法律、法规、规定、标准； 2. 抽水蓄能电站上级公司相关规定

注：相关评价依据应根据国家、企业相关规定，动态更新。

第四节　项目环境和社会效益评价

一、项目环境效益评价

（一）评价目的

项目环境效益评价主要目的是通过评价项目在前期决策、设计时是否充分考虑了项目对环境可能带来的影响及效益，涉及的人群是否接受项目可能带来的这些影响，以及在施工阶段、运营阶段所采取的环保措施是否得力，是否能够真正有效保护环境，从而综合判定项目环境治理与生态保护的总体水平。

（二）评价内容与要点

环境效益评价应包括工程环境保护、水土保持评价工作的开展、审查、批复和执行情况，保护措施的实施及效果，监测与管理等内容。

评价重点应包括但不限于项目给区域自然环境、生态环境、自然资源等带来的实际影响，环境保护和水土保护措施的实施、落实情况与可研阶段环保、水保专题报告的对比分析，管理措施及监测方案的实施情况和效果等。

1. 环境保护评价

项目环境效益评价主要是评价项目对周围地区在自然环境方面产生的作用、影响及效益。评价内容主要包括工程环境保护工作的回顾、环境影响分析、环境保护措施的实施及效果、环境保护监测与管理及环境综合效益评价。

（1）工程环境保护工作的回顾评价主要是对工程环境保护评价工作的开展、审查、批复和执行情况简介。

（2）环境影响分析评价主要是梳理总结项目在施工和运营期间可能对地表水、地下水、大气、声环境、生态、人群产生的影响，固体废弃物可能对环境产生的影响。

（3）环境保护措施的实施及效果评价主要是综述环保验收报告编制情况，列写项目环评、建设阶段环保投资数额及环保投资占工程总投资比例；评价项目可研阶段环境效益评价工作开展情况，总结工程施工期间的环境保护措施，并明确工程是否通过环保验收（表 4-23）。

表 4-23　环境影响报告书中环保措施落实情况调查

序号	批复意见/环评报告提出的环保措施	落实情况
1	施工期生活污水经隔油池、化粪池及地埋式生活污水处理装置处理；所有废水经处理后回用，不外排	已落实
2		
3		
…		

（4）梳理总结项目环境监测与管理实际开展情况，包括地表水、地下水、大气、声环境、生态、人群产生的影响、固体废弃物，评价其产生的

环保效果（表 4-24）。

表 4-24　环境监测指标结果与监测标准对比评价

指标	标准	监测结果
地表水环境	监测 TP、TN、粪大肠菌群等	均符合相关标准
污废水水质		
…		

（5）根据以上各项评价，对项目环境影响进行概括性汇总，得出综合评价结论，重点突出各环保指标达标情况、各阶段环保措施落实情况、工程环保效果、对于项目所在区域生态文明建设所做出的积极响应与贡献等内容。

2. 水土保持评价

项目水土保持评价主要是评价项目对周围地区在水土保持方面产生的作用、影响及效益。评价内容主要包括工程水土保持工作的回顾、水土保持影响分析、水土保持措施的实施及效果、水土保持监测与管理及水土保持综合效益评价。

（1）工程水土保持工作的回顾评价主要是对工程水土保持评价工作的开展、审查、批复和执行情况简介。

（2）水土保持影响分析评价主要是梳理总结项目在施工和运营期间对扰动原地貌面积、损坏水土保持设施面积、弃土、弃石和弃渣量、可能造成的水土流失总量、可能造成的水土流失危害等影响。

（3）水土保持措施的实施及效果评价主要是综述水土保持调查报告编制情况、评价项目可研阶段水土保持评价工作开展情况、总结工程施工期间的水土保持措施，并明确工程是否通过水保验收。

（4）梳理总结项目水保监测与管理实际开展情况，评价水土保持方面的效果。

工程水土保持监测结果与设计值对比，如表 4-25 所示。

表 4-25　工程水土保持监测结果与设计值对比

指标名称	方案设计值	实际值	达标情况
扰动土地整治率（%）	95	97	达标
水土流失治理度（%）	96	98	达标
…			

（5）根据以上各项评价，对项目水土保持影响进行概括性汇总，得出综合评价结论，重点突出各水土保持指标达标情况、各阶段水土保持措施落实情况、工程水土保持效果、对于项目所在区域生态文明建设所做出的积极响应与贡献等内容。

（三）评价依据

项目环境效益评价依据如表 4-26 所示。

表 4-26　项目环境效益评价依据

序号	评价内容	评价依据
1	环境保护评价	1.《建设项目环境保护管理条例》（国务院令第 253 号）； 2.《建设项目竣工环境保护验收技术规范 水利水电》（HJ 464—2009）； 3.《环境影响评价技术导则》
2	水土保持评价	1.《中华人民共和国水土保持法》； 2.《中华人民共和国水土保持法实施条例》

二、项目社会效益评价

（一）评价目的

抽水蓄能电站项目多为复杂的系统工程，其建成运营需要较长的时间、资金和资源投入。社会效益评价的目的主要是评价抽水蓄能电站项目对社会效益的影响及促进作用，总结分析项目对各利益相关方的效益影响及社会稳定风险情况。

（二）评价内容与要点

社会效益评价应包括项目对区域产业布局及结构的影响、对区域经济发展的促进、对当地居民生活质量的改善、就业机会的创造，以及项目在电网发展、节能减排、新能源消纳方面做出的贡献等。

评价重点应包括但不限于项目对当地税收的贡献，对当地居民生活质量的改善，就业机会的创造，征地拆迁补偿和移民安置的落实，以及保障电网安全、稳定运行、提升新能源消纳能力等方面所产生的积极作用。

1. 对区域影响评价

总结评价项目对区域产业布局及产业结构的影响（含对交通、旅游等相关产业）；项目对区域社会经济发展的贡献；项目对当地居民生活质量的改善和就业机会的创造。

（1）对区域社会经济发展的贡献

统计工程所在地区生产总值、全社会用电量、电站发电量，测算工程支撑 GDP 能力。同时，总结抽水蓄能电站拉动当地建筑业、旅游业等相关产业结构调整方面的影响。

（2）当地居民生活质量的改善

统计抽水蓄能电站在建设期、运营期纳税情况，以及当地财政收入、居民收入等指标，分析项目间接对当地居民收入提高、生活水平提升的作用和影响。

（3）提供就业机会

统计抽水蓄能电站在建设期、运营期提供就业岗位情况，侧重分析项目拉动就业效益。

2. 对电力产业影响评价

梳理总结评价项目在保障电网安全运行、提升新能源消纳能力等方面的贡献。

（三）评价依据

项目社会效益评价依据如表 4-27 所示。

表 4-27　项目社会效益评价依据

序号	评价内容	评价依据
1	对区域影响评价	—
2	对电力产业影响评价	—

注：相关评价依据应根据国家、企业相关规定动态更新。

第五节　项目目标和可持续性评价

一、目标评价

（一）评价目的

目标是一切活动必须努力实现的宗旨，没有明确目标的活动是难以成功的。抽水蓄能电站项目的目标一般有两个层次：管理目标和宏观目标。管理目标是指项目预期产生的直接作用和效果。宏观目标是指项目建设对国家、地区、行业可能产生的影响。

（二）评价内容与要点

1. 管理目标评价

管理目标评价是通过对照项目立项时的目标和主要指标，检查项目的实际完成情况，对项目目标和主要指标的实现程度进行评价，并分析其产生偏差的原因。管理目标评价主要是对项目规划选址、建设规模、工程实施、运营管理等方面的实际成果与立项阶段目标的主要指标进行对比分析，评价其目标实现程度及找出存在问题。

2. 宏观目标评价

宏观目标评价是通过考察项目结束后产生的实际效果或所呈现的客观状态与预期的吻合程度、背离或偏离情况，对项目预设的总体目标进行评价，主要应包括项目对系统运行、电网发展、节能减排、新能源消纳等方面的影响，以及前期预测的财务指标与运营中实际的财务指标对比分析等。

（三）评价依据

项目目标评价依据如表 4-28 所示。

表 4-28　项目目标评价依据

序号	评价内容	评价依据
1	管理目标	国家、行业、企业相关规定
2	宏观目标	国家、行业、企业相关规定

二、可持续性评价

（一）评价目的

项目持续性是指项目的建设资金投入完成之后，项目的既定目标是否还能继续，项目是否可以持续地发展下去，接受投资的项目业主是否愿意并可能依靠自己的力量继续去实现既定目标，项目是否具有可重复性。简单来说，即为项目的固定资产、人力资源和组织机构在外部投入结束之后持续发展的可能性，未来是否可以同样的方式建设同类项目。通过项目持续性评价，能够对项目可持续发展能力进行预判，以期指导待建同类项目的建设方式，改进在建同类项目的建设方式。

（二）评价内容与要点

项目持续性评价应根据项目现状，结合国家的政策、资源条件和市场环境对项目的可持续性进行分析，预测产品的市场竞争力，从项目内部因素和外部条件等方面评价整个项目的持续发展能力。评价内容主要包括内在机制对项目持续能力的影响评价、外部环境对项目持续能力的影响评价。

根据《国务院国有资产监督管理委员会关于印发〈中央企业固定资产投资项目后评价工作指南〉的通知》（国资发规划〔2005〕92 号）的要求，项目持续能力评价主要分析外部因素和内部因素，外部因素包括资源、环境、生态、物流条件、政策环境、市场变化及其趋势等；内部因素包括财务状况、技术水平、污染控制、企业管理体制与激励机制等，核心是产品竞争能力。由于持续能力的内部因素和外部条件在项目全生命周期内的潜在变化，因此，项目持续性评价需对影响项目的内外部因素变化形势进行预测，一般以评价者的经验、知识和项目执行过程中的实际影响为基础。

对于抽水蓄能电站项目而言，其污染控制水平、生态环境影响是在项目建成时确定的，在项目运营期内不会发生大的变化，或者不会发生变化。项目对物流情况要求不高。抽水蓄能电站项目的核心是电力电量价格竞争能力，电力电量受所在地区市场环境影响，也受政策环境影响。只有当电力电量在运营期内呈增长趋势或保持一定的平稳，项目具备可持续性，否则持续能力较差按项目全生命周期内计算项目的经济效益，当项目内部收益率大于或等于基准收益率，净现值大于 0 时，项目具备可持续性，否则持续能力较差。除了项目经济效益，技术水平也会对项目可持续性产生较大影响。当项目在设计、施工、设备材料等方面具有技术创新，达到国内或国际领先水平，且在相当长时期内引领技术发展时，项目具有较强的可持续性。项目在运营初期未发生因故障原因引起的大修技改，缺陷次数少，资源消耗低，维护便捷，项目具有较强的可持续性。

结合上述分析，在众多因素中，环境、生态、物流条件影响较小或无影响，影响抽水蓄能电站项目持续能力的主要外部因素为资源、政策环境、市场变化及趋势，主要内部因素为项目经济效益、技术水平及运营单位运营管理水平。因此，项目持续性评价主要应从项目经济效益、技术水平、运营单位运营管理水平、资源、政策环境和市场变化及趋势等几方面因素条件去重点分析。在上述因素中，政策环境、市场变化及趋势属于可持续性的风险因素，在项目全寿命周期内有进一步变动的风险，需进一步加强对政策趋势、市场变化及趋势研判的论证。

1. 内在机制可持续性评价

从内部运营管理水平、技术水平、人才素质、财务状况等方面评价是否满足项目持续运行的需求。

(1) 内部运营管理水平对项目可持续性的影响。当运营单位积极提升运营管理水平，如采用信息化手段，积极开展围绕提升运维水平和电站安全运行的职工创新和科技项目，成果能够确实提升项目运维水平和电站安全稳定性的，项目具备较强的可持续性。而运营单位虽未开展提升管理水平的活动，但法人治理结构相对稳定，项目具有一定的可持续性。否则，项目持续性较差。

(2) 技术水平对项目可持续性的影响。当项目采用“六新”应用，在设计、施工、设备材料等方面具有技术创新，达到国内或国际领先水平，且在相当长时期内引领技术发展时，项目具有较强的可持续性。而项目虽采用常规的成熟的设备技术，但在相当长时期内该设备技术都不会被淘汰时，项目在一定时期内具备可持续性。否则，项目持续性较差。

(3) 人才素质对项目可持续性的影响。当电站人才队伍配置合理，包括人数、各专业人员设置情况、学历构成、年龄分布、运维经验（从业年份）等，同时针对人才队伍积极开展管理、技术、安全等方面的培训，项目具备较强的可持续性。否则，项目持续性较差。

(4) 财务状况对项目可持续性的影响。在后评价时点以后的电量电价基于电价政策环境和市场变化的条件下进行预测，当项目内部收益率大于或等于基准收益率，净现值大于或等于 0，项目具有可持续能力，否则，持续性较差。

2. 外部环境可持续性评价

从规划、政策、市场需求、资金等外部环境方面评价是否满足项目持续运行的需求。

(1) 规划对项目可持续性的影响。当国家近期开展的中远期抽水蓄能电站规划提倡大力开展抽水蓄能电站建设，项目具备较强的可持续性。否则，项目持续性较差。

（2）政策对项目可持续性的影响。当运营期内政策环境如电价政策对项目运营有利时或虽然不利，但可通过自身途径将影响降低时，项目具有可持续性。否则，项目持续性较差。

（3）市场需求对项目可持续性的影响。当所在区域电网峰谷差在一定时期内呈增长或保持稳定，系统调峰填谷、调频、调相、事故备用、黑启动等需求增多时，项目具有可持续性。否则，项目持续性较差。

（4）资金对项目可持续性的影响。当运营期资金环境如贷款利率对项目运营有利时或虽然不利，但可通过自身途径将影响降低时，项目具有可持续性。否则，项目持续性较差。

（三）评价依据

国家、行业、企业相关规定和项目基础资料是开展项目可持续性评价的依据，同时对于未来的预判还需依据政策、技术、市场发展趋势。评价依据具体如表 4-29 所示，项目基础资料包含但不限于表 4-29 中内容。

表 4-29　项目可持续性评价依据

序号	评价内容	评价依据
一	内在机制	
1	运营管理水平	国家、行业、企业相关规定
2	技术水平	国家、行业、企业相关规定
3	人才素质	国家、行业、企业相关规定
4	财务状况	国家、行业、企业相关规定
二	外部环境	
1	规划	国家有关抽水蓄能电站选点规划文件
2	政策	国家、地方颁发的与电力市场有关的政策文件
3	市场需求	国家、地方颁发的与电力市场有关的政策文件
4	资金	国家公布的项目投融资、贷款利率等有关政策文件

注：相关评价依据应根据国家、企业相关规定动态更新。

第六节　项目后评价结论

一、评价目的

项目后评价结论是在以上各章节完成的基础上进行的，是对前面几部分评价内容进行综合分析后，找出重点，深入研究，给出后评价结论。

二、评价内容与要点

综合项目全过程及各方面的评价结论，并进行分析汇总，形成项目后评价的总体评价结论。评价内容主要包括项目后评价结论、主要经验及存在问题。

（一）项目后评价结论

根据前述各章的分析，给出抽水蓄能电站项目建设、运行各阶段总结与评价结论，效果、效益及影响结论，总结出抽水蓄能电站项目的定性总结论。

项目后评价结论，应采用定性总结与定量总结相结合，并尽可能用实际数据来表述。后评价结论是对抽水蓄能电站项目投资、建设、运营的全面总结，应覆盖到后评价的各个方面。但同时要注意，后评价结论是提纲挈领的总结性章节，应高度概括，归纳要点，突出重点。

（二）主要经验及存在问题

根据项目后评价结论，总结抽水蓄能电站项目建设运行的主要经验及存在问题。主要从两个方面来总结：一是“反馈”，总结抽水蓄能电站项目本身重要的收获和教训，为抽水蓄能电站项目未来运营提供参考、借鉴；二是“前馈”，总结可供其他项目借鉴的经验、教训，特别是可供项目投资方及项目法人单位在项目前期决策、施工建设、生产管理等各环节中可借鉴的经验、教训，为今后建设同类项目提供经验，为决策和新项目服务。

第七节　对策建议

一、评价目的

后评价开展的目的是通过对建成投产的抽水蓄能电站项目进行科学、客观、公正、全面的分析评价之后，一方面总结成功经验并推广应用；另一方面查找和发现问题，以项目问题的诊断和综合分析为基础，提出合理、科学和有效的对策建议。

二、评价内容与要点

对策建议是针对所评价的抽水蓄能电站项目在后评价过程中发现问题或现象给出的反馈意见。一方面对项目本身在规划、计划、实施和运行等环节中存在的问题提出针对性对策建议，目的是项目单位在后续项目的工程建设运营中避免或减少类似问题；另一方面对相关政策、制度完备性或执行力方面提出对策建议，目的是通过完善政策制度建设和加强已有制度执行力来改进和提高项目投资决策和运营。项目后评价的对策建议应实事求是、易懂、可操作，并具有很强的实践价值。

（一）对国家、行业及地方政府的宏观建议

针对国家、行业及地方政府的宏观建议，应从以下两个方面入手：其一，政策研究。深入探讨项目存在的问题，研究有关政策，对有关行业发展的政府主管部门和国家政策方面提出适合完善和改进的方向性建议。其二，提炼问题，推进实施。要从项目的评价效果和存在的问题引申提出，按照“容易实施”“可操作”的原则，提出与之适配的宏观建议与对策。

（二）对企业及项目的微观建议

针对企业及项目的微观建议，应从以下两个方面进行着手：其一，对投资主体及项目法人提出具体的对策建议；其二，从项目的评价效果和存

在的问题引申提出。

对策建议的语言及表述应注意以下两个方面：一是遣词精练，达意准确。对策建议的语言不出现空洞之词，模棱两可之语，尽量使用句法结构简单的短句，便于理解。慎用长句，因其句法结构较复杂，读后不易迅速抓住其要旨。句子与句子之间要有一定的连贯性，力求衔接紧凑，逻辑性强。二是不同部分应当详略得当，表述应做到言简意赅。此外，表述要有独立性与自明性。

第五章　抽水蓄能电站项目后评价实用案例

电力工程后，为了使专业人员顺利开展抽水蓄能电站项目后评价，本章选取具体的抽水蓄能电站项目进行案例分析。对照第二章后评价常用方法和第四章抽水蓄能电站项目后评价的内容介绍。按照评价抓核心、抓重点原则，围绕项目概况、项目建设过程回顾与评价、项目运营和效益评价、项目环境和社会效益评价、项目目标和可持续性评价、项目后评价结论和对策建议等七大部分，深入浅出地介绍了各章具体评价内容和评价指标，形成抽水蓄能电站项目后评价报告基本模板，以飨读者。

第一节　项目概况

一、项目基本情况

××电站位于××省××县境内，工程上水库位于××村××河支流；下水库利用已建的下岸水库，其坝址位于××县××村下游。工程上、下水库的水平距离约××km，距××县城××km。位于××电网负荷中心和电源中心，地理位置优越。

二、决策要点

××电站总装机容量××MW，项目建成后以两回 500kV 出线并入×

×电网，承担调峰、填谷等任务。项目投运以来在优化××电网的电源结构、改善电网运行条件等方面发挥了十分重要的作用。

三、主要建设内容

××电站枢纽建筑物由上水库、下水库工程等组成。上水库包括主坝、副坝等项目；输水系统由上库进/出水口、上平洞等组成；地下厂房系统主要由发电厂房、排水廊道等组成；升压变电工程包括母线洞、主变洞等建筑物；下水库大坝为碾压混凝土重力坝。

四、实施进度

核准报告中明确，主体工程建设工期为××个月。××公司以可研报告控制施工进度，编制完成了建设项目里程碑计划，主体工程计划开工时间为××年××月××日，最后一台机组投产发电时间为××年××月××日。

在主体工程建设中，××公司严格控制进度计划，××年××月，主体工程开工建设，××年××月首台机组投产发电，××年××月4台机组全部投产发电，总建设工期××个月。

五、投资

××项目投资概算工程静态总投资××万元，工程动态总投资××万元。工程竣工决算实际完成总投资××万元，与概算金额××万元比较，结余××万元，结余率××％。

六、资金来源及到位情况

××电站项目的资金来源包括资本金、银行借款、债券等。截至××年年底，累计到位资本金××万元，长期借款××万元。本项目建设期间工程资金到位情况良好，保证了工程建设资金的需要。

七、运行现状及效益

自××电站4台机组正常投入运行以来，设备健康状态良好，主要满足××电网调峰、填谷等需要。自投产运营以来，电站年发电量、抽水电量呈现逐年增长的发展态势。自电站首台机组投运至××年××月××日，××电站实现连续安全生产××天，累计发电量××万 kWh。

第二节　项目建设过程回顾与评价

一、前期决策阶段回顾与评价

（一）项目立项评价

1. ××电网发展现状分析

××电网是一个以××为主的供电系统，××年年底，××全社会发电装机容量××万千瓦。用电量增长一直较快，××年全社会总用电量达到××亿千瓦时，较××年增长××%。

2. ××电站投资建设优势分析

具有建设××抽水蓄能电站的市场空间和调峰容量空间；电站运行灵活、启动快，是电网的理想调频电源和调压设备；增加电网紧急事故备用容量，提高系统的安全性和稳定性；有利于环境保护和当地生态建设，有利于地区经济发展；可提高新能源装机的利用程度。

综上所述，随着××电网的快速发展，在××省兴建一定规模的抽水蓄能电站，因此建设××电站是非常必要的。

（二）项目决策程序回顾与评价

××年××月××日，××设计总院印发了《××抽水蓄能电站选点规划报告审查意见》，原则同意××抽水蓄能电站选点规划报告的主要结论意见；

××年××月，××电站项目通过××设计总院预可行性研报告审查，并以《关于××抽水蓄能电站预可行性研究报告审查意见的函》文件的形式，通过了××电站项目预可行性研究报告书的相关内容；

××年××月××日，国家环境保护总局以《关于××抽水蓄能电站环境影响报告书的批复》文件的形式，同意了《××抽水蓄能电站工程环境影响报告书》采取环境保护的各项措施。

……

××年××月××日，国家发展改革委以《关于核准××抽水蓄能电站项目的请示的通知》文件的形式，正式核准了××电站工程的核准申请。

综上，该项目前期决策过程完备，前期工作内容及深度满足国家、行业相关规定，为后续项目顺利开展奠定了坚实基础。

（三）项目决策水平评价

通过对比××电站重要事项的决策目标和实际执行情况，建设规模、主要设计方案等基本没有发生变化。

根据工程竣工决算报告，项目实际总投资××亿元，较××省（市）发展改革委批复的项目总投资××亿元减少××亿元。

二、准备阶段回顾与评价

（一）项目征地移民回顾与评价

1. 项目征地情况

《关于××抽水蓄能电站工程建设用地的批复》批复用地较可研报告中永久占地减少××亩，不动产权证中建设用地较可研报告中永久占地减少××亩。

2. 项目移民安置情况

根据《××抽水蓄能电站可行性研究报告》第××篇建设征地和移民安置中有关项目移民安置情况如下：建设征地区搬迁安置人口为××人，

建设征地生产安置人口为××人。

根据××省水库移民安置办公室关于《××抽水蓄能电站工程竣工移民安置终验报告》的通知，实际生产安置人口××人，实际搬迁安置人口××户××人，移民安置点实际征地××亩。

综上，××抽水蓄能电站实际搬迁安置移民、生产安置移民分别较可研报告中多××人、××人，与规划修编报告中一致。

3. 移民补偿情况

××电站工程征收土地程序合法，补偿安置措施切实可行，符合土地管理法律、法规的规定，项目符合国家土地供应政策和产业政策。××年××月××日取得××省水库移民安置办公室关于印发《××抽水蓄能电站工程竣工移民安置终验报告》的通知。

（二）勘察设计回顾与评价

1. 项目勘察设计工作情况

××年××月，通过××方式，××勘测设计研究院承担了××电站可行性研究阶段工作。××年××月，通过工程设计招标，××院承担了××电站招标设计和施工图设计阶段勘察设计的任务。

××院自××年开始执行可行性研究设计工作合同，××年开始执行招标设计及施工图设计阶段的勘察设计合同。

××年××月××院编制完成了《××抽水蓄能电站可行性研究报告》，概算总投资××万元。

2. 设计进度及图纸会审

（1）设计进度情况

××院能够根据建设工程的实际进度情况对设计进度进行统筹安排，基本上使设计进度能够按照工程里程碑日程推进，各专业卷册出图时间根据实际设计资料条件、施工进度要求做灵活安排。

（2）图纸会审情况

从××年到××年，整个项目建设施工期间，建设单位、监理单位、设计单位根据工程的进度分别组织了多次图纸会审和设计交底工作。

3. 项目勘察设计阶段评价

(1) 设计管理

××电站是由××院承担勘测设计工作。××院能够严格按该院管理体系文件的要求开展工作，始终按国家和行业最新的规程规范进行设计，并按最新的规程规范对原有设计进行复核，确保满足国家工程建设标准强制性条文的要求。

(2) 设计单位工作质量评价

××院对××电站的设计工作实施全过程的项目管理组织形式，建立项目经理负责制，专门制定了项目管理制度等程序文件，并在工作中调整、补充、完善。成立了项目组织机构，并明确了项目组各级人员的职责。

(三) 招标及合同签订回顾与评价

1. 移民协议签订情况

根据《大中型水利水电工程建设征地补偿和移民安置条例》及有关法律、法规的规定，××公司筹建处与××省××县人民政府于××年××月签订了《××抽水蓄能电站工程建设征地补偿和移民安置费用包干协议书》。

××省××人民政府建立××抽水蓄能电站移民工程协调机制，由参建单位共同参与，以定期或不定期例会的形式，商议解决××抽水蓄能电站建设征地移民安置工作中的相关问题，确保征地移民安置任务规范、有序地按计划推进。

2. 勘测、设计招标及合同签订情况

××电站设计单位采购经主管单位批准后，采取招标的形式择优选择设计单位。××公司建立了招投标管理制度及相关程序文件，制定了一整套合法完备的设计招投标流程，为设计单位招标管理规范化、合法化管理提供了保障。

××公司通过招标方式，确定××勘测设计研究院为承担××电站可行性研究设计、招标设计及施工图设计阶段勘察设计的单位，合同金额为××万元。

3. 监理招标及合同签订情况

为了保证××电站工程建设监理项目招标评标活动的公开、公平、公正、诚实信用、科学合理，依照国家有关招投标的法律、法规及××公司的招投标管理实施细则，制定了《××抽水蓄能电站工程建设监理评标办法》。

××工程建设监理项目评标委员会根据评标办法，对××家投标单位进行综合评议；于××年××月××日出具了《××抽水蓄能电站工程建设监理评标报告》，推荐××公司为第一中标候选人。

××年××月与××公司签订了《××抽水蓄能电站工程建设监理》合同，合同金额为××万元。

4. 前期工程招标及合同签订情况

(1) 进厂交通洞工程

××工程进厂交通洞工程施工评标委员会根据评标办法，推荐××公司为第一中标候选人，××年××月××日与××公司签订了《××抽水蓄能电站进厂交通洞工程施工合同》，合同金额为××万元。

(2) 通风兼安全洞工程

××工程通风兼安全洞工程施工评标委员会根据评标办法，推荐××公司为第一中标候选人，××年××月××日与××公司签订了《××抽水蓄能电站通风兼安全洞工程施工合同》，合同金额为××万元。

(3) 上下库连接公路工程

××工程上下库连接公路工程施工评标委员会根据评标办法，推荐××公司为第一中标候选人，××年××月××日与××公司签订了《××抽水蓄能电站上下库连接公路工程施工合同》，合同金额为××

万元。

……

5. 主体土建建设工程招标及合同签订情况

××电站主体工程土建施工项目招标以××集中招标采购的方式进行。项目单位按照《中华人民共和国招标投标法》和××公司有关招投标的规定，组织有关专家成立了评标委员会，并采用综合评估法确定项目施工单位。

（1）上水库土建工程

上水库土建工程共收到××份投标文件，根据评标办法，经评标委员会对各投标人的投标文件进行综合评审，确定××公司为第一中标候选人。××年××月，××公司与××公司签订了《××抽水蓄能电站上水库工程土建施工合同》，合同金额为××万元。

（2）引水系统土建工程

引水系统土建工程共收到××份投标文件，根据评标办法，经评标委员会对各投标人的投标文件进行综合评审，确定××公司为第一中标候选人。××年××月，××公司与××公司签订了《××抽水蓄能电站引水系统工程土建施工合同》，合同金额为××万元。

（3）地下厂房及尾水系统土建工程

地下厂房及部分尾水系统土建工程共收到××份投标文件，根据评标办法，经评标委员会对各投标人的投标文件进行综合评审，确定××为第一中标候选人。××年××月，××公司与××公司签订了《××抽水蓄能电站地下厂房及尾水系统工程土建施工合同》，合同金额为××万元。

（4）下水库土建工程

下水库土建工程共收到××份投标文件，根据评标办法，经评标委员会对各投标人的投标文件进行综合评审，确定××为第一中标候选人。××年××月，××公司与××签订了《××抽水蓄能电站下水库土建工程合同》，合同金额为××万元。

6. 设备采购招投标及合同签订情况

水泵水轮机及其附属设备采用招议标方式选择供货方为××，发电电动机及其附属设备采用招议标方式选择供货方为××，500kV变压器及其附属设备采用招标方式选择供货方为××，500kV GIS及其附属设备采用招标方式选择供货方为××。

7. 招投标工作评价

（1）招投标工作总体情况

本项目投标活动遵循公开、公平、公正的原则。××公司在工程建设之初就成立了采购领导小组，指导公司开展物资采购活动，杜绝不合格投标人入围、招标文件疏漏等现象，招标文件质量不断提高。

（2）招投标工作程序评价

××电站工程建设期在招标过程中，按照合法、公正、平等的原则，从以下几个环节加强了管理：一是做好招标文件的审查工作；二是严把投标单位的资质审查；三是做好招标限价编制工作；四是制定科学的评标办法。

在评标过程中，严格按评标原则和评标办法对各投标单位的投标文件进行详细评审，合理选择中标单位进行合同谈判及签订合同。

8. 合同签订情况评价

××电站工程按照国家、行业、××公司关于合同管理的规范要求，与项目各参建单位签订了服务合同，合同相关条款规范、内容完整，符合规范要求。××公司基建投资类合同共有采购项目××项。

合同起草完成后，合同承办人员根据《××公司合同管理手册》要求，发起合同文本在经法系统流转、完成公司内部审核会签。这种合同管理模式加强了各部门之间的监督职能，对于保障合同签署过程中的公正性、客观性起到了积极作用。

（四）资金来源及融资方案回顾与评价

××电站项目的资金来源包括资本金、银行借款等。资本金由××公司以自有资金解决。

××电站建设期间工程资金到位情况良好及时，截至××年年底，累计到位资本金××万元，到位融资额××万元，保证了工程建设资金的需要，没有因资金问题影响工程建设。××电站资金到位情况良好，保证了工程的顺利开展。

（五）开工准备回顾与评价

项目主体工程于××年××月开工。对照《国家电力公司关于电力基本建设大中型项目开工条件的规定》（国电建〔1998〕551号），本项目开工准备工作具体落实情况如下：

（1）项目法人已经设立。该工程的项目法人为××公司，按现代企业制度组织运作，公司治理结构及管理制度健全，项目经理及其他管理成员均通过了资质培训并已全部到位工作。

（2）初步设计及总概算已批复。该项目由国家发展改革委批准工程静态投资××亿元，动态总投资××亿元。

（3）项目资本金和融资已落实。项目资本金按项目总投资的20%计，为××亿元，由××公司以自有资金解决；资本金以外的融资由银行贷款解决。

（4）项目施工组织设计大纲已经编制完成。按照《国家计划委员会印发〈国家计委关于基本建设大中型项目开工条件的规定〉的通知》（计建设〔1997〕352号）的有关规定，编制完成了该项目施工组织设计大纲。

（5）项目主体工程的施工单位已经确定。上水库工程土建的施工单位为××公司，引水系统土建施工单位为××公司，地下厂房及尾水系统土建施工单位为××公司，下水库土建施工单位为××，机电设备安装工程的施工单位为××。

……

综上所述，××电站工程施工准备工作完善，各环节落实到位，满足《关于基本建设大中型项目开工条件的规定》要求，项目前期各项准备工作基本完成，具备了开工建设条件。

三、实施和竣工阶段回顾与评价

（一）项目安全控制评价

1. 安全生产管理机构与程序

本项目始终以健全的安全管理组织机构为基础，完善的安全管理文件体系为保障，严格的施工现场的安全检查和监督为手段，充分发挥各施工单位安全管理机构的作用为方法，有效地保证了基建期间的施工安全。

各参建单位作业严格执行××公司安全管理规定，项目经理为安全第一责任人，均建立了三级安全网络，并逐级确定了安全职责，较好地落实了抓生产必须抓安全的原则；严格执行工程项目管理规定，较好地保证了安全施工，为××公司基建期间安全管理奠定了组织基础。

2. 安全管理制度和措施

××公司树立“以人为本”的科学发展观，贯彻“安全第一、预防为主、综合治理”的方针，强调企业安全生产工作的规范化、科学化、系统化和法制化，强化风险管理和过程控制，有效提高企业安全生产水平。

统一制定了包括《安全生产监督规定》《项目部安全奖惩规定》等安全管理制度，并根据施工现场实际情况不断进行修订完善，从而满足了建设期的安全管理的要求，为××公司基建期间安全施工提供了安全管理文件体系。

3. 安全管理效果情况

××电站工程项目施工全过程未发生重大交通、机械设备、消防、垮塌事故，未发生防洪度汛事故，未发生群体健康事故，未发生环境污染事故，未发生地质灾害事故，未发生其他工程事故。

（二）项目质量控制评价

1. 质量管理监督体系

××电站工程从工程建设伊始就成立了质量管理委员会，质量管理委员会主任由项目法人总经理担任。质量管理委员会是工程最高质量管理机构，统筹组织、协调整个工程建设的质量管理工作，并对工程建设中有关质量管理重大事项做出决策。

建设过程中，结合××电站工程特点，明确了业主、监理、设计、施工等参建单位在工程质量管理中的职责，规定了原材料质量控制、验收等程序，并对施工质量奖惩做了规定，使工程质量行为程序化和规范化，为确保工程质量打下了坚实的基础。

2. 质量管理体系执行情况评价

（1）设计质量管理

设计单位按质量/环境/职业健康安全管理体系，严格执行各项制度和设计程序文件，保证了工程设计质量。设计代表现场服务良好，施工图会审、设计交底、设计变更管理、现场设计代表制度健全。设计供图满足供图合同和现场施工的需要。

（2）施工质量管理

施工单位按照合同规定，在合同工程项目开工前，提交详尽的施工组织设计，并具体明确质量保证技术措施、质量保证体系和管理机构。由于各级管理者质量责任落实，施工质量控制措施得力，施工质量受控。

（3）监理质量管理

监理工程师按合同要求对工程建设进行有重点的全方位管理，在工作中敢于坚持原则，敢于承担责任，树立管理威信，提高工作水平，切实履行“三控制、两管理、一协调”的职能，充分发挥了监理的保障作用。

3. 单元工程合格率及优良率

××电站项目单位工程××个，总体合格率××%，主要单位工程全部优良。分部工程××个，合格率为××%；单元工程××个，合格率为××%，优良率为××%。

4. 工程质量总体评价

××电站项目经过参建各方的共同努力，完善了质量管理体系，建立了较为完备的质量管理制度。××电站经过实际运行证明了工程质量满足国家强制性标准，满足行业规程、规范及合同要求。

（三）项目进度控制评价

1. 工程进度计划的制定

××电站项目根据国家批复总工期××个月的基础上，制定了工程进度计划。

2. 进度管理制度和措施评价

××公司严格遵循“严格管理、热情服务”的工程建设管理理念，通过规范设计、监理、施工等参建各方的管理行为，以安全管理为中心，质量控制为保证，进度平衡为保障，达标投产为重点，精心组织，科学管理。

3. 进度计划落实情况评价

××电站工程从××年××月进点准备，建设管理人员进驻现场，抓政策处理、三通一平等工作，并开始施工前期工程。××年××月，主体工程开工建设。××年××月××日，首台机组投产发电；××年××月××日，4台机组全部投产发电。

在主体工程建设中，××公司严格按进度控制计划执行，主体工程实际开工时间为××年××月，4号机组于××年××月××日竣工投产。该项目建设期较批复的建设期限提前××个月，总建设工期较批复的总工期提前××个月。

（四）项目投资控制评价

1. 融资方案与资金计划执行情况

××年××月××日，××银行完成了《××抽水蓄能电站金融服务建议书》。××银行意向提供人民币中长期贷款最高额为××亿元。

××年××月××日，××银行出具了《××抽水蓄能电站项目××银行贷款承诺函》，承诺贷款金额为××万元。

截至××年年底，××电站项目实际到位资金××万元，××公司实际到位资金占资本金比例为××%、××公司实际到位资金占资本金比例为××%，与前期资金筹措中的认缴的项目资本金比例一致。××银行长期贷款××万元，××银行长期贷款××万元。

2. 概算执行情况

××电站项目批复概算总投资××万元，实际投资××万元，结余××万元，结余率为××%。

3. 竣工决算与可研概算对比分析

施工辅助工程批复概算为××万元，实际投资为××万元，结余××万元，结余比率为××%。结余的主要原因是××。

建筑工程批复概算为××万元，实际投资为××万元，超支××万元，超支比率××%。超支的主要原因是××。

环境保护和水土保持工程批复概算为××万元，实际投资为××万元，超支××万元，超支比率为××%。超支的主要原因是××。

……

（五）项目合同执行与管理评价

1. 主要合同执行情况

在工程建设期间，建设单位能加强合同执行管理，采取了两项措施加强过程控制：一是预测工程风险及可能发生索赔的诱因，采取防范措施；二是在施工过程中搞好各方与各项工作的协调，谨慎决定工程变更，严格执行监理签证制，并按合同规定及时向施工单位支付进度款。

2. 主要合同变更情况

××年××月进行××电站主体工程土建施工标的招标，但××公司与××已签订的《××抽水蓄能电站招标设计及施工图设计合同》未包含上述工作。因此，对原合同进行变更，属于一般变更。××年××月审批通过了《××抽水蓄能电站招标设计及施工图设计合同补充协议》，合同金额为××万元。

（六）项目竣工验收评价

1. 项目专项验收情况

（1）蓄水验收

根据《水电工程验收管理办法》的要求，××设计总院会同××省发展改革委、能源局等部门和有关单位组织开展××电站工程蓄水验收工作。××年××月开始由水泵工况从下水库抽水充蓄。验收委员会出具了《××抽水蓄能电站蓄水验收鉴定书》。

（2）消防验收

××年××月××日公安消防支队分别印发《建设工程消防验收意见书》对本项目1号、2号、3号和4号机组及公用部分建设工程进行消防验收。经资料审查、现场抽样检查和功能测试，综合评定该工程消防验收合格。

（3）环境保护工程验收

××年××月××日，××公司召开了本项目环境保护设施竣工验收会，验收工作组认为：该项目基本符合环境保护设施竣工验收条件，同意通过环境保护设施竣工验收。

（4）劳动安全与工业卫生专项验收

××年××月××日，××设计总院组织专家组对××电站工程劳动安全与工业卫生进行了现场检查和安全验收评价报告技术审查，验收委员会认为：××电站工程已具备安全生产条件，同意通过劳动安全与工业卫生专项竣工验收。

（5）枢纽工程专项验收

××年××月××—××日，××设计总院组织开展本项目枢纽工程专项验收前专家组现场检查工作。××年××月××日召开了验收会议，会议通过了最终验收。

（6）建设征地及移民安置验收

××年××月××日，××市大中型水库移民后期扶持工作领导小组就本项目建设征地移民安置进行现场检查，××年××月××日取得××省水库移民安置办公室关于印发《××抽水蓄能电站工程竣工移民安置终验报告》的通知。

（7）水土保持设施验收

××年××月××日，××公司组织召开本项目水土保持设施验收相关各方验收会议，成立验收工作组。审核意见：××电站实施过程中，依法落实水土保持方案及批复文件要求的各项水土保持措施，同意工程水土保持设施通过验收。

(8) 工程档案专项验收

依据《重大建设项目档案验收办法》的要求，××公司于××年××月××—××日组织有关专家组成的验收组，对××电站工程项目档案进行了预验收。验收组认为：××电站工程档案收集齐全，分类合理、整理规范，项目档案反映了项目建设过程，能够满足生产经营和维护的需要。

(9) 职业病防治专项验收

××公司于××年××月××日邀请职业卫生专家并组织项目有关工程技术、生产运行、职业卫生管理人员组成验收组，验收组同意项目通过竣工验收，并出具了《建设项目职业病危害控制效果评价报告评审暨职业病防护设施竣工验收意见表》。

(10) 竣工决算专项验收

××年××月××日，完成了竣工决算报告编制工作；××年××月××日，通过了竣工决算审计。

2. 项目竣工验收情况

××公司在各专项验收完成后，依据《水电工程验收管理办法》和《水电工程验收规程》，及时向××省能源主管部门报送了工程竣工验收申请，××省能源主管部门于××年××月××日组织验收，同意××电站工程整体竣工通过验收。

(七) 参建单位管理水平评价

1. 业主单位

××公司在工程建设中处于核心地位，全面发挥了“服务、监督、协调、管理”的职能，积极推进集约化、规范化、精细化管理。

2. 设计单位

始终按国家和行业最新的规程规范进行设计，并按最新的规程规范对原有设计进行复核，确保满足国家工程建设标准强制性条文的要求，对于所有重大技术问题均进行了充分的试验和论证。在工程建设过程中注重设计优化和采用新技术、新材料工作，对于重大的设计变更，均按程序及原审查单位审核批准。

3. 监理单位

在××电站工程建设期间监理单位发挥了应有的作用，起到了良好的效果，为整个工程建设的质量保障做出了积极的贡献。

4. 施工单位

（1）建筑工程

按《水利水电基本建设工程质量评定等级标准》和《水利水电基本建设工程质量若干规定》评定，主要项目工程质量均达到或超过设计和规范规定标准，自检等级达到优良标准；工程施工过程中未发生任何质量事故；施工质量满足合同要求。

（2）机电安装工程

在××抽水蓄能机组安装过程中，××公司充分发挥自身丰富的水电施工管理经验和高素质人才技术优势，精心组织，精心施工，为机组安装排忧解难，为工程建设献计献策，在工程进度指标先进的同时，安装质量也取得了优异的成绩。

5. 设备监造单位

为了保证××电站机电设备的制造质量，有效地实施对设备的制造监理，××公司委托××公司对××电站主机及其附属设备、发电电动机及其附属设备、500kV 电气设备的制造进行驻厂跟踪监理。

监造组成员以监造合同和供货合同为依据，积极协调，加强沟通，认真审核制造文件，提出了诸多合理意见和建议。整个监造过程圆满完成了监造合同赋予的职责确保设备以较好的质量按时发货，满足了工地安装的要求。

第三节　项目运营和效益评价

一、运营评价

（一）生产运行情况评价

1. 发电电量和抽水电量

2017年××月，××电站最后一台机组投运，标志着××电站全部投产运行。第一年发电量、抽水电量较低，2018—2020年发电量分别为××万千瓦时、××万千瓦时、××万千瓦时。

2. 利用小时数

2017年，××电站全年可用××小时，可用系数××%……

2018年，××电站全年可用××小时，可用系数××%……

2019年，××电站全年可用××小时，可用系数××%……

2020年，××电站全年可用××小时，可用系数××%……

3. 停运情况

2017年，××电站全年计划停运××小时，计划停运系数为××%；非计划停运××小时，非计划停运系数为××%。

2018年……

2019年……

2020年……

4. 启动成功率

2017年，××电站全年机组发电启动××次，启动成功率××%，抽水启动××次，启动成功率××%。

2018年，××电站全年机组发电启动××次，启动成功率××%，抽水启动××次，启动成功率××%。

2019年，××电站全年机组发电启动××次，启动成功率××%，抽水启动××次，启动成功率××%。

2020年，××电站全年机组发电启动××次，启动成功率××%，抽水启动××次，启动成功率××%。

5. 消缺率

2017年，××电站全站发生设备缺陷××条，消除××条，消缺率××%；2018年，××电站全站发生设备缺陷××条，消除××条，消缺率××%；2019年，××电站全站发生设备缺陷××条，消除××条，消缺率××%；2020年，××电站全站发生设备缺陷××条，消除××条，消缺率××%。

6. 保电及事故应急支援

××抽水蓄能电站工程投产后，在2017年××保电；2018年全国两会、党的十九大保电；2019年××保电；2020年××保电、新中国成立70周年活动保电等，以及事故应急支援等方面发挥了重要作用。

（二）技改、检修情况评价

1. 检修情况评价

××公司自20××年始，每年依据《抽水蓄能电站检修导则》精心编制年度检修计划，结合设备健康状况，组织开展机组检修工作。20××年，对×台机组实施C修；20××年，对×台机组实施C修；20××年，×号机组实施B修，其余机组均实施C修，又开展了××系统性大修工作；20××年，×号机组B修，其余机组C修，并开展×号机××项目。

2. 技改情况评价

20××—20××年，在××电站投运初期未安排技改项目；20××—20××年，每年安排××项技改项目，分别为：××工程、××安装项目……

××项技改工程均按进度完成，投资完成率达到××%以上。

二、技术评价

（一）技术的先进性、安全性、经济性、国产化水平评价

××电站工程在300MW级抽水蓄能机组水力设计、结构设计、进水阀、发电电动机通风和推力轴承等方面实现了突破，掌握了一批具有自主知识产权的抽水蓄能电站机组关键技术。实现了大型抽水蓄能机组技术完全自主化，打破了国外的技术垄断，大幅降低了工程建设成本，提高了我国在抽水蓄能领域的影响力和话语权，确立了我国在抽水蓄能领域的国际先进地位。

××电站项目4台机组试运行工作严格按照《可逆式抽水蓄能机组启动试验规程》执行，体现出我国抽水蓄能电站建设技术的先进性、安全性、经济性、国产化水平。

（二）“六新”应用情况评价

××电站在设计和施工中使用了一系列国内首创的施工技术、施工工艺，为我国后续抽水蓄能电站的建设起到了示范作用，在多个领域都是首创，部分技术的综合性能达到国际先进水平，部分性能达到国际领先水平。

（三）项目达标、创优情况评价

××电站项目紧紧围绕“建设一流水电工程”的总体目标，把工程安全生产、质量、进度、投资控制综合考虑，提出了“安全、正点、优质、高效”的工作目标，坚持“安全第一，预防为主”的方针，稳步推进电站建设进度管理，严格控制投资，并制定了达标创优规划，作为整个工程达标创优的纲领性文件，以指导达标创优工作的开展。在工程建设和运行期间，××公司多次荣获省级、市级、县级奖项及先进荣誉称号。

三、经济效益评价

（一）基本参数

1. 经济效益后评价依据

（1）国家发展改革委、建设部联合发布的《建设项目经济评价方法与

参数》（第三版，2006）；

（2）原国家计委发布的《投资项目可行性研究指南》（2002）；

（3）原电力工业部电力规划设计总院发布的《电力建设项目经济评价方法实施细则》（1994）；

……

2. 项目评价基础参数

××抽水蓄能电站项目经济效益分析所使用的基础参数主要包括机组容量、寿命周期、主营业务收入、购入电费、工资福利劳保住房基金和工会费、折旧费、材料费及修理费、委托运行维护费等。

（二）财务评价

1. 经营成本分析

××抽水蓄能电站项目经营成本主要包括购入电力费、折旧费、材料费及修理费、委托运行维护费、财产保险费、摊销费和其他费用等。后评价时点前（2017—2020 年）的电站经营成本费用实际发生值分别为××万元、××万元、××万元、××万元，与可研评估阶段××万元相差较大，但细分则各有高低，并不平衡。

2. 项目盈利能力评价

（1）营业初期盈利能力评价分析

电站营业收入：2017—2020 年，电站实际营业收入分别为××万元、××万元、××万元和××万元，高于可研设计年营业收入××万元。

电站总成本费用：2017—2020 年，电站实际总成本费用分别为××万元、××万元、××万元和××万元，高于可研设计年电站总成本费用××万元。

利润总额：2017—2020 年，电站实现利润××万元、××万元、××万元、××万元，与可研设计运营初期利润水平××万元基本相当。

（2）全寿命周期经济效益评价结论

根据基本参数，计算得到××抽水蓄能电站项目的资本金财务内部收益率、全投资财务内部收益率、投资回收期等财务评价指标结果。××抽水蓄能电站项目的全投资税前财务内部收益率为××%，资本金收益率为××%。

3. 项目清偿能力评价

（1）利息备付率和偿债备付率

通过计算可得出××抽水蓄能电站项目经营期2017—2035年各年度利息备付率和偿债备付率指标。××抽水蓄能电站项目的利息备付率和偿债备付率均大于1，说明项目建成后有较强的还本付息的能力。

（2）资产负债率

通过计算可得出××抽水蓄能电站项目经营期各年度资产负债率指标。项目投运初期，××抽水蓄能电站项目产负债率较高，为××%，随后逐渐出现下降，还清固定资产投资借款本息后资产负债率很低。

（3）流动比率

通过计算可得出××抽水蓄能电站项目运营期（全寿命周期）流动比率。项目投运前3年，××抽水蓄能电站项目流动比率小于1，短期偿债能力和流动性不足；项目从投运第4年开始流动比率均大于2，具有良好的短期偿债能力。

（4）速动比率

通过计算可得出××抽水蓄能电站项目运营期速动比率指标。项目投运前3年，××抽水蓄能电站项目速动比率小于1，短期偿债能力不足；项目从投运第4年开始速动比率均大于2，具有良好的短期偿债能力。

4. 敏感性分析

本次计算选用了××抽水蓄能电站项目抽水电度电价/抽水电量分别增加和减少10%、容量电价分别增加和减少10%、上网电度电价/上网电量分别增加和减少10%，进行敏感性分析。

从分析测算结果可以看出，抽水电度电价/抽水电量、容量电价、上网电度电价/上网电量均会对项目的财务效益产生较大影响，容量电价是最敏感的影响因素，尤其对于投资利税率、投资利润率和资本金利润率的影响较大。

（三）国民经济评价

国民经济评价采用替代法进行分析，即以替代方案的投资、固定运行费、可变运行费（含燃料费）作为项目的效益，以设计方案的投资、运行费作为项目的费用，计算各项国民经济评价指标，测定项目对国民经济的净效益，评价项目的经济合理性。选用煤电为替代方案。

1. 费用计算

（1）投资

采用××抽水蓄能电站项目实际静态投资××万元。

（2）运行费

运行费计算方法同财务评价，但不计建设期利息、保险费及抽水电费。

2. 效益计算

（1）替代方案投资

××抽水蓄能电站项目替代方案为××MW燃煤火电厂，参照火电工程限额设计控制指标，取燃煤火电静态单位千瓦投资为××元/kW，替代方案静态投资为××万元。

（2）运行费

运行费（不包括燃料费）率取4.0%，含固定和可变两个部分，其中固定运行费占55%，可变运行费占45%。

3. 计算期及社会折现率

××抽水蓄能电站项目建设期为××年，经营期采用30年，计算期为36年。社会折现率采用8%。

4. 项目盈利能力分析

××抽水蓄能电站项目的经济净现值为××万元，经济内部收益率为××%，远大于8%的社会折现率。

5. 敏感性分析

本次计算选用了××抽水蓄能电站项目投资增加10%方案、替代电站投资减少10%方案、××抽水蓄能电站项目投资增加10%同时替代电站投资减少10%方案，进行敏感性分析，其项目经济内部收益率均大于8%。

四、经营管理评价

（一）管理机构设置及职能划分评价

截至2021年1月，××抽水蓄能有限公司共有正式员工××人，具体机构设置包括办公室（党委办公室）、人事综合部（党建工作部）、财务资产部、安全监察质量部等部门。

各部门职责如下。

（1）办公室（党委办公室）

负责组织协调重要会议和公务活动；负责值班、公文、保密、机要、印信、证照、督办、办公用品、公共关系、新闻宣传、品牌建设、社会责任、调研归口、信访、维稳、接待、对外联络、外事管理等工作。

（2）人事综合部（党建工作部）

负责劳动组织、干部管理、员工配置、绩效管理、薪酬福利、劳动计划和统计、教育培训和人才评价、社会保险、离退休、劳动保护工作（除特种劳动防护用品外）管理；负责审计、纪检、监察管理；负责党建、工会、团青等工作。

（3）财务资产部

负责财务预算、成本管理和财务规划管理；负责资产、产权、财产保险管理；负责资金管理；负责财务稽核、风险管控；负责电价及电费管理等工作。

（4）安全监察质量部

负责安全质量监督体系的建立和完善，并监督实施；负责隐患排查治理、劳动保护、安全工器具、反事故措施、工业卫生、防汛安全、交通安全和防灾减灾等监督；负责安全信息化、职业卫生、特种劳动防护用品管理等工作。

（5）计划物资部

负责综合计划与统计、经济活动分析工作；负责公司招投标及授权采购管理；负责固定资产零购相关业务管理；负责项目（含生产技改、大修、运维等项目）概预算及造价管理；负责应急物资管理、废旧物资处置、物资监察管理等工作。

（6）运维检修部

负责电站机电设备管理和水工设施管理（基础管理、运维维护、检修、质量管理、健康分析、缺陷隐患、状态评价等）；负责电站生产技改、大修项目管理；负责电站反事故措施和技术监督管理；负责电站生产技术管理等工作。

（二）生产管理及研发评价

××抽水蓄能电站项目1号机组于××年××月××日投入商业运营；2号机组于××年××月××日投入商业运营；3号机组于××年××月××日投入商业运营；4号机组于2017年6月投入商业运营，至此4台机组全部投产发电，标志着“该建设项目”已达到商业运营能力。

××年××月××日，××抽水蓄能有限公司取得《××省物价局关于××省抽水蓄能电站临时上网电价的复函》文件，核定××抽水蓄能电站项目临时容量电价为××元/（千瓦·年）（含税），待国家发展改革委正式批复后，再按有关规定执行。

但实际执行过程中，因国内经济下行、销售电价持续下调、电量销售增幅大幅下降，加之国家发展改革委明确抽水蓄能容量电费不纳入电网输配电有效成本，××抽水蓄能电站电价疏导、电费结算存在一定困难。

（三）经营管理及市场环境评价

1. 绩效及薪酬情况

为适应公司改革和发展的需要，深化薪酬分配机制，规范分配行为，完善激励和约束机制，更好地发挥薪酬激励作用，××抽水蓄能有限公司制定了《××抽水蓄能有限公司岗位绩效工资执行手册》。

2. 科技研发情况

××抽水蓄能电站项目自投产以来，尤其注重创新及研发的投入，先后完成了××等科技创新项目。其中××科技项目荣获××奖。这些科技项目完成后形成的技术成果，可广泛用于新建抽蓄电站的设计、建设及运营当中。

第四节　项目环境和社会效益评价

一、项目环境效益评价

（一）环境保护评价

1. 环境保护工作开展回顾

20××年××月××日，××局以《关于××抽水蓄能电站环境影响报告书的批复》（××号）批复环境影响报告书。

××电站环评阶段环境保护投资××万元。工程实际环保投资××万元，“枢纽建筑物”部分环境保护投资××万元。

项目建设过程中严格执行环境保护设施与主体工程同时设计、同时施工、同时投入使用的环境保护“三同时”制度。工程竣工后，建设单位按规定程序申请环保设施竣工验收。验收合格后，××电站正式运行使用。

2. 环境影响分析

（1）施工期环境影响

施工区生产废水和生活污水均经处理后回用，对下岸水库水质无影响。

上下库连接公路周围无环境敏感点，施工期公路运输对周围声环境影响不大。施工区周围环境敏感点少，且距离相对较远，施工扬尘影响不大。

施工期共产生活垃圾××t，拟经××垃圾中转站处理，可大大减少对环境卫生的影响。施工期间施工人员大量增加，对当地居民和施工人员自身的人群健康均带来一定影响，需采取有效的防护措施。

因此，××抽水蓄能电站在建设期间对当地的水环境、噪声、生活垃圾及居民健康等方面的影响不大，且施工期间严格采取了有效的环境保护措施。

(2) 运行期环境影响

水环境影响：××

生态环境影响：××

……

因此，××抽水蓄能电站在运行期间对当地的水环境、生态环境、水土流失、社会环境及移民环境等方面的影响不大。

3. 环境保护措施的实施及效果

根据现场调查，××抽水蓄能电站环评批复提出的各项生态环境、水环境、大气环境、声环境和社会环境保护措施都基本予以落实。

综上所述，××抽水蓄能电站在建设施工期间及投运后，均按照批复意见要求严格落实各项环保措施，取得了良好效果。

4. 环境监测与管理

工程施工期间的环境管理，在工程部的统一领导下，由监理单位实施监督，由承包商具体实施。检查和监督承包商所做的各项环保工作，及时处理施工过程中出现的环境问题，接受有关部门对环保工作的监督和管理。

建设单位委托××监测中心自20××年起开展了××抽水蓄能电站施工期的环境监测工作，包括地表水环境、大气环境质量、声环境质量和生态环境监测，委托××公司开展了水土保持监测。

5. 环境影响评价结论

××电站在设计、施工和运行的过程中，较好地落实了环境影响报告书及其批复提出的各项环境保护措施和要求，对区域水环境、生态环境、大气环境和声环境没有产生明显的不利影响。

（二）水土保持评价

1. 水土保持工作开展回顾

20××年××月，××编制完成《××抽水蓄能电站工程水土保持方案报告书》（报批稿）；20××年××月，水利部下发批复（××号）对工程水土保持方案报告书予以批复。

20××年××月，××公司开展工程水土保持监测工作，监测单位于20××年××月至20××年××月先后多次对本工程扰动地表情况、水土流失及防治情况、措施运行效果等开展现场监测工作，布设监测样方，收集工程资料及监测数据，并配合水行政主管部门开展水土保持执法检查。

20××年××月，××公司承担工程水土保持设施验收技术服务工作；20××年××月，在验收技术服务单位协助下，××单位组织召开工程水土保持设施验收工作启动会议，对工程现场进行全面检查。20××年××月，编制完成了《××抽水蓄能电站水土保持设施验收报告》。

2. 水土流失及风险分析

（1）扰动原地貌面积

工程用地面积×× hm^2，水库淹没区面积×× hm^2。工程用地由永久用地和临时用地组成，永久用地为永久建筑物和施工永久用地，面积为×× hm^2。临时用地为施工生产设施、工厂及临时生活区用地，用地面积为×× hm^2。

工程占用以林地为主，其次为耕地和未利用地。其中，林地×× hm^2，占××％；耕地×× hm^2，占××％；未利用地×× hm^2，占××％。

主体工程建设扰动原地貌为×× hm^2。移民安置及专项设施迁建扰动原地貌面积为×× hm^2。工程扰动原地貌面积总计×× hm^2。

（2）损坏水土保持设施面积

损坏水土保持设施面积包括工程施工区和水库淹没区，其中水库淹没区覆盖层清除涉及的林草植被损坏面积，经计算，工程建设区损坏水土保持设施林草植被面积××hm^2。

移民安置及专项设施迁建损坏水土保持设施林草植被面积××hm^2。

工程建设损坏水土保持设施面积共计××hm^2。

（3）弃土、弃石和弃渣量

主体、临时工程施工土石方开挖共计××万 m^3（自然方），填筑××万 m^3，移民生活安置区地势平缓，土石方挖填可场内自行平衡。经平衡后主体工程建设及专项设施迁建弃渣总量××万 m^3（松方），其中上库弃渣量××万 m^3，下库弃渣量××万 m^3。根据地形条件和容渣量，上、下库区各设一个弃渣场。

（4）可能造成的水土流失总量

根据工程施工进度安排及建设类项目的特点，并结合南方多雨区林草植被恢复较快的实际情况，经测算，工程建设可能造成的水土流失总量为××万 t，新增水土流失量××万 t。

（5）可能造成的水土流失危害

淤积抬高河床：工程弃渣量大，可能造成的水土流失量也大，如不采取防护措施，遇暴雨，弃渣流失将直接进入下游沟道，淤积甚至堵塞沟道，抬高洪水位，从而可能影响下游沟道的行洪能力及两岸居民点、农田的防洪安全。

减少下游水库库容：施工过程中泥沙流失进入下游，并将在下游水库淤积。

影响生态环境：建设过程中扰动原地形地貌，将使地表裸露面积增加，土壤保水能力降低，其水土流失将对周围生态环境造成负面影响。

影响景观：土石方开挖填筑使工程区原有茂密的森林植被破坏，造成地表裸露，从而影响自然景观。

3. 水土保持措施的实施及效果

在工程建设中，建设单位严格按照水利部批复的水土保持方案实施相应的水土保持工程。各项水土保持工程实施至今，经现场调查，防护措施有效地控制了项目区的水土流失，恢复和改善了项目区的生态环境。

在运行初期防护工程效果体现明显，水土流失基本得到治理，水土保持功能得到体现，沿线植被逐步得到恢复，未出现明显的水土流失现象，总体运行情况较好，总体上发挥了保持水土、改善生态环境的作用。

建成的水土保持工程运行情况如下：

根据水土保持监测单位提交的水土保持监测总结报告，确认场地平整等措施已得到落实。通过现场调查项目区的工程护坡、排水工程、弃渣场拦挡排水防护、复耕等均已基本落实，发挥了防治水土流失作用。

已实施的植物措施运行情况如下：

根据现场调查，确认工程已实施的水土保持植物措施主要为业主营地景观绿化、枢纽区环库公路两侧景观绿化、路基边坡及两侧景观绿化及弃渣场、施工临建设施迹地恢复等植物措施，整体实施效果较好。

根据现场调查及查阅相关资料，由于工程弃渣运至弃渣场集中堆置防护，施工期间未造成较大的水土流失及其危害，未对周边河道、植被等造成明显危害。

4. 水土保持监测与管理

按照相关规范，监测组及时提交《水土保持监测实施方案》《水土保持监测季报》等成果，并根据现场情况向建设单位提出完善各项水土保持措施的建议。20××年××月，监测组汇总工程监测资料，编制完成《××抽水蓄能电站工程水土保持监测总结报告》。

通过查阅水土保持监测实施方案及水土保持监测报告，可以看出，监测单位自20××年××月开展水土保持监测工作以来，根据监测技术规程和工程实际，采用定位观测、调查监测和巡查等方法正常、有序地开展施工期监测，并编写监测报告，为水行政主管部门监督检查提供了有效依据。

工程施工期间扰动地表面积控制在水土流失防治责任范围内；施工中弃渣堆放基本规范；大部分水土保持工程措施运行正常；迹地恢复、植物措施已逐步得以落实。实施的各项水土保持措施及时到位并发挥了有效的水土保持作用，工程平均土壤侵蚀强度为轻度，满足水土保持要求。

5. 水土保持评价结论

××电站工程建设区水土保持措施总体布局合理，效果明显，经监测数据统计计算，各项水土流失防治指标达到水土保持方案设计中的目标水平，很好地控制了水土流失，保障了主体工程的顺利施工与安全运行。

二、项目社会效益评价

（一）对区域影响评价

1. 对区域产业经济的影响

自××电站蓄水以来，主要向××电网送电。对××电力调峰起到重要作用。××抽水蓄能电站系统接入××站，提高××电网供电质量，对保障××省（区、市）经济发展提供间接支持。

××电站在建设期及运行期对××经济发展也起到推动作用，在电站建设期间，主要拉动当地建筑业发展；在电站投运后，有力促进节能减排和大气污染防治。同时也有利于促进地方经济和旅游产业发展。

2. 对当地税收的贡献

自××电站投产后，年均发电××亿 kWh，成为地方经济发展的强大引擎，成为××市/县的纳税大户。××电站的建成投运，对××市/县财政收入产生间接促进作用。

3. 对居民收入的影响

居民收入是衡量一个地区个人经济发展的重要指标。根据××县2017—2020年的居民收入统计资料，××市/县居城镇民人均收入已从2017年的××元增长至2020年的××元；农村民人均收入已从2017年的××元增长至2020年的××元。

4. 征地和移民安置落实情况

20××年××月××日，完成电站竣工建设征地移民安置自验工作；

20××年××月××日，完成电站竣工建设征地移民安置初验工作；20××年××月××日通过了省级最终验收。××电站在征地补偿和移民安置过程中各项措施均有效落实，保障了当地居民的生活质量。

（二）对电力产业影响评价

1. 参与××电网调峰调频，提升用电质量

××电站自投运后承担电网的调峰、填谷任务，还承担电网的调频、调相及紧急事故备用等任务。根据××电网的电力发展、能源资源和电站的具体情况，主要满足××电网调峰、填谷、调频、调相及事故备用需要，同时兼顾××电网需求。

2. 对交直流特高压工程提供无功补偿，为平抑电网波动起到重要作用

××省（区、市）大量外电给电网安全运行带来更大的考验，使得××抽水蓄能电站平抑特高压电网波动的作用越发凸显。为应对特高压直流闭锁对电网的影响，抽水蓄能机组加入电网大功率缺额智能决策与处理系统，能够在特高压直流闭锁情况下自动调用抽蓄机组运行，大大提高了电网的应对能力。

3. 优化能源结构，提高××省（区、市）能源综合利用效率

××电站的全面建成投产，为××电网提供了可靠性高、经济性好、技术成熟的大容量调峰与储能电源，在保障区域电网的安全运行水平，实现能源综合利用、资源有效调配等方面具有重要意义。

第五节　项目目标和可持续性评价

一、目标评价

（一）管理目标评价

本项目管理目标评价主要通过对比分析项目管理目标与实现情况之间的偏差，并分析产生偏差原因。

××抽水蓄能电站工程规划选址、装机容量、建设工期、工程质量、工程投资等项目实际完成情况与规划目标基本一致，项目管理目标实现情况很好。

（二）宏观目标评价

1. 电站在当地电网的作用

电站自投入电网以来，缓解了××电网调峰填谷的困难局面，保障了电网的安全稳定运行和电力的可靠供应，减少了火电机组因调峰运行所增加的燃料消耗量，提高了整个电力系统的经济性；同时作为××电网的支撑电源，促进了西部新能源在××电网的消纳。

2. 电站投运后的运行状况

××年××月电站首台机组投产发电，2017 年××月 4 台机组全部投产发电。自电站首台机组投运至 2020 年 12 月 31 日，电站实现连续安全生产××天，对缓解××电网调峰矛盾、改善系统火电机组运行条件、保障电网安全稳定运行的作用日趋重要。

3. 对电力系统作用目标的实现

××抽水蓄能电站顺应了能源革命的大趋势，促进了新能源的消纳，承担了电网的调峰填谷、调频调相及事故备用等任务，有效缓解了供电紧张，优化了电网电源结构，改善电网的运行条件，助力电力系统节能减排，成为推动我国电力行业高质量发展的重要动力之一。

二、可持续性评价

（一）内在机制可持续性评价

1. 工程建设管理对项目可持续性的影响

2017 年内电站 4 台机组相继投入商业运行，实现了“一年四投”的良好业绩。自电站正式运行投产后，多次投入紧急发电、调频调相和旋转备用运行，各种工况转换正常。从建设质量状况分析，能够节省大修及维护检修费用，降低运营管理成本，能够满足今后安全稳定生产运营的需要。

2. 管理体制对项目可持续性的影响

自××抽水蓄能电站项目投运以来，××抽水蓄能有限公司投入了大量的精力，按照一体化体系建设要求，梳理形成涵盖通用制度××项、非通用制度××项、非通用制度实施细则××项、补充规章制度××项、管理手册××项、执行手册××项的现行有效规章制度体系，管理科学规范。

3. 人力资源对项目可持续性的影响

经历多年的发展，××抽水蓄能有限公司员工由成立之初的不到××人，现已壮大到目前的××人。

××抽水蓄能有限公司一直重视加强人才队伍素质提升，结合公司实际，以全面提升员工队伍素质为目标，搭建好公司各类人才的成长梯队和平台，把员工队伍建设好。一是抓好全员培训工作；二是积极推行绩效管理；三是着力抓好中层干部队伍建设。

4. 财务运营能力对项目可持续性的影响

××抽水蓄能电站自2017年××月4台机组全部投产以来发挥调峰、填谷双倍解决系统峰谷差的运行特性，为××电网安全、经济、稳定运行起到了重要作用，自身财务状况总体上也运行良好。

（二）外部环境可持续性评价

1. 国家规划、政策法规及规程规范对项目可持续性的影响

截至2020年年底，全国并网抽水蓄能装机容量累计3209万kW。目前抽水蓄能电站建设实际进度仍落后于规划目标，抽水蓄能行业具有广阔的发展前景，为本项目的可持续发展提供了有力保障。

2. 电力市场需求和环境对项目可持续性的影响

××电网网内新能源装机规模快速增长，消纳压力和调峰难度增加；区外直流和新能源进一步置换常规电源，频率稳定风险加大；迎峰度夏负荷不断创新高，峰谷差在增大，给电力电量平衡及电网安全稳定运行带来很大压力。××电网对××抽水蓄能电站的调用强度进一步加大，发电量持续提高。良好的电力市场需求和环境为项目的可持续发展提供了有力

保障。

3. 电价政策对项目可持续性的影响

根据××电网公司与××抽水蓄能有限公司2020年签订的购售电合同××抽水蓄能电站执行两部制电价，包括电量电价和容量电价。但实际执行过程中，因国内经济下行、销售电价持续下调、电量销售增幅大幅下降，加之国家发展改革委明确规定抽水蓄能容量电费不纳入电网输配电有效成本，公司电价疏导、电费结算存在一定困难。

4. 资金、汇率对项目可持续性的影响

××抽水蓄能电站项目采购的是国内主机设备，贷款来源为国内银行，因此，汇率对××抽水蓄能电站项目利润基本没有影响。

第六节　项目后评价结论及主要经验建议

一、后评价结论

××电站工程项目前期立项依据合理，建设过程控制措施有效得当，竣工质量达到优良工程标准，取得了较好的经济和社会效益。通过对本项目全过程、全方位系统客观的评价，得出以下评价结论。

（1）项目前期立项决策科学、规范；

（2）项目各项准备工作开展合规、有序；

（3）工程安全、质量、进度得到有效控制，顺利通过了相关单位竣工验收；

（4）工程技术水平先进，带动了电力行业及其他相关产业的技术升级；

（5）项目各项指标达到计划水平，安全可靠性逐年提高；

（6）经济收益率处于行业基准收益水平的边缘；

（7）环境和社会效益显著；

（8）项目持续性良好，工程建设成功。

二、主要经验

××抽水蓄能电站项目，建设实施过程中积累了丰富的抽水蓄能电站建设经验，采用了大量的新技术、优化设计、技术创新，为后续工程提供了宝贵的经验，具体如下。

（1）前期管理策划科学合理，保障了项目预期目标的顺利实现；

（2）工程施工过程中使用了一系列国内首创的新技术和新工艺，加快了工程进度，提高了工程质量；

（3）工程设备制造安装为后续国家大型抽水蓄能机组国产化工作积累了宝贵经验，为今后抽水蓄能电站的建设管理培养了大批专业人才；

（4）建设过程中严格落实水土保持“三同时”制度，多措并举取得了良好的环保成效。

三、存在问题

（1）电力输送500kV单回出线存在一定的安全风险；

（2）抽水蓄能电价疏导机制出现政策衔接不畅；

（3）项目建设征地和移民费用实际投资超概算。

四、对策建议

（1）优化出线系统设计，提高抽水蓄能电站工程运行安全可靠性水平；

（2）建议国家能源主管部门在新的政策制定颁布之前，继续落实《国家发展改革委关于完善抽水蓄能电站价格形成机制有关问题的通知》（发改价格〔2014〕1763号）的要求；

（3）加强移民安置工作政策扶持与多方位沟通协调，多维度提升移民安置概算编制水平。

附录　抽水蓄能电站项目后评价报告大纲

项目后评价编制单位资质证书（略）

项目后评价实施单位（略）

参加项目后评价人员名单及专家组人员名单（略）

附图：项目地理位置示意图（略）

后评价报告工作摘要（后评价工作的来源、委托、承担、协助单位，以及原则、方法、目的及工作过程等）（略）

一、项目概况

（一）基本情况

概述项目建设地点、规模、装机容量、项目股东及股比、各参建单位基本情况及项目性质、特点，以及项目开工和竣工时间等。

（二）决策要点

项目建设的必要性、决策目标和目的。

（三）主要建设内容

上下库工程、输水及地下厂房工程、道路及房屋建筑工程、机电设备及安装工程、金属结构及安装工程等。

（四）实施进度

各阶段建设的起止时间、进度、建设工期。

（五）投资

项目立项决策核准投资、可研概算及执行概算、竣工决算投资和实际完成投资情况。

（六）资金来源及到位情况

资金来源计划和实际到位情况。

（七）运行现状及效益

项目运行现状、生产能力实现状况、项目财务经济效益情况等。

二、项目建设过程回顾与评价

（一）前期阶段回顾与评价

项目立项依据、决策过程和程序的回顾与评价、项目决策水平分析等。

1. 立项评价

从水文、地质、站址、征地移民、电力市场需求、环境影响等方面论证项目立项可行性和必要性。

2. 决策程序评价

总结项目规划选点报告、预可行性研究报告、建设必要性论证报告、可行性研究报告及相关专题报告的编制、评审、批复及项目核准备案情况，评价项目决策程序合法合规性。

3. 决策水平评价

梳理总结项目决策目标的执行情况、项目选址、规模、设计及建设方案、机电设备选型、总投资及资金筹措方案的科学性和合理性，分析项目决策目标实现及偏离程度。

（二）准备阶段回顾与评价

项目征地移民、勘察设计、招标及合同签订、资金来源及融资方案、开工准备等内容的回顾与评价。

1. 征地移民评价

总结项目征地情况，包括林地面积、耕园地面积、建设用地面积、牧草地面积、鱼塘面积、村庄及工矿地面积、交通设施面积、淹没房屋面积、未利用地面积等，评价项目征地完成情况及偏离程度。

总结项目移民安置情况，包括生产安置人口数量及安置情况、搬迁安置人口数量及安置情况，评价项目移民安置完成情况及偏离程度。

总结移民补偿情况，包括农村移民补偿、基础设施建设、专项复建补偿、库底清理等，以及税费缴纳情况，评价项目移民补偿完成情况及偏离程度。

2. 勘察设计评价

勘察设计单位的选定方式和程序、能力水平、资信情况与效果。

勘察、设计进度与质量。

供图进度与质量。

3. 招投标及合同签订评价

梳理总结移民协议签订情况，评价程序合法合规性、完成情况及偏离程度。

梳理总结勘察、设计招投标及合同签订情况，评价程序合法合规性、完成情况及偏离程度。

梳理总结监理招投标及合同签订情况，评价程序合法合规性、完成情况及偏离程度。

梳理总结咨询招投标及合同签订情况，评价程序合法合规性、完成情况及偏离程度。

梳理总结前期工程招投标及合同签订情况，评价程序合法合规性、完成情况及偏离程度。

梳理总结主体土建工程招投标及合同签订情况，评价程序合法合规性、完成情况及偏离程度。

梳理总结设备采购、设备监造招投标及合同签订情况，评价程序合法合规性、完成情况及偏离程度。

4. 资金来源及融资方案评价

梳理总结资金来源，包括资本金出资方式及比例、资本金到位情况，评价其完成情况及偏离程度。

梳理总结融资方案，包括融资方式及比例、融资成本、融资担保、风险评估等，评价其完成情况及偏离程度。

5. 开工准备评价

概述项目开工条件落实情况，包括法人设立情况、管理机构设立情况，项目批复情况及开工手续办理情况（包含土地许可证、规划许可证、开工许可证等），项目前期准备（征地移民、资金筹措等完成情况），施工现场与技术准备等。

评价项目开工准备是否符合《国家电力公司关于电力基本建设大中型项目开工条件的规定》的有关要求。

（三）实施和竣工阶段回顾与评价

包括项目安全、质量、进度、投资等要素的控制措施及效果，合同执行和主要变更情况，竣工验收情况，以及各参建单位管理水平评价等。

1. 安全控制评价

概述项目安全管理体系和制度建立情况。

总结安全技术措施的实施、安全文明措施费的使用情况及影响。

对项目安全控制进行总体评价。

2. 质量控制评价

概述项目质量管理、监督体系的建立情况。

对工程质量进行总体评价。

统计单元工程合格率、优良率等情况。

3. 进度控制评价

概述工程进度计划的制定情况，分析计划合理性；

分析评价工程进度计划的执行情况、产生偏差原因及影响。

4. 投资控制评价

分析评价项目融资方案执行情况、资金计划执行情况。

对项目投资控制情况进行分析和评价，对比实际竣工决算与投资估算、批准概算的投资差额和结余率，评价结余率是否符合有关管理要求。

对单项工程投资结余情况进行分析和评价，分析4项费用的变化幅度和变化率，着重从工程量、主要设备材料价格变化来分析投资差距及原因。

5. 合同执行及主要变更评价

概述项目合同履行、合同变更与解除、合同归档、授权委托、合同备案及其他合同相关事宜，分析违约原因并通过合同违约条款执行情况评价合同管理水平。

6. 竣工验收评价

梳理总结环境保护竣工验收、公安消防竣工验收、工业卫生和劳动保护竣工验收、档案竣工验收等专项验收情况和结论，评价其流程是否符合国家、电网公司要求。

梳理总结项目总体竣工验收情况，评价其流程是否符合国家及××公司要求。

7. 参建单位管理水平

梳理评价业主单位管理水平及对项目总体目标产生的影响。

梳理评价设计单位管理水平及对项目总体目标产生的影响。

梳理评价监理单位管理水平及对项目总体目标产生的影响。

梳理评价施工单位管理水平及对项目总体目标产生的影响。

梳理评价与项目建设相关的其他机构管理水平及对项目总体目标产生的影响。

三、项目运营和效益评价

（一）项目运营评价

统计设备缺陷及消缺率、机组启动次数及成功率、机组运行时间、发电量及发电小时数、抽水电量和抽水小时数、上网电量和网购电量、机组可用系数等指标，评价项目生产运行情况，分析实现及偏离程度。

梳理总结机组技术改造及效果、机组A级检修及效果、机组B级检修及效果、机组C级检修及效果、机组D级检修及效果，评价技改、检修情况，分析实现及偏离程度。

（二）技术评价

梳理总结项目技术的先进性、安全性、经济性、国产化水平，分析以上指标与集团或行业先进指标的差别，分析进一步提高电厂技术水平的可行性。

统计新技术、新设备、新工艺、新方法、新流程、新材料的应用情况，并简要说明使用的必要性、效果，以及是否具有推广价值。

梳理总结项目达标、创优情况，分析完成情况及效果。

（三）经济效益评价

1. 财务评价

（1）运营年度财务分析

计列工程投运到后评价时点，获取容量电费等收入。

计列工程投运到后评价时点发生的成本费用，包括购入电量费、折旧费用、运行维护费用、保险费、管理费、财务费用等。

（2）全周期财务评价

根据工程投运到后评价时点运行状态，预测全周期内工程收入、成本费用，根据《建设项目经济评价方法与参数》（第三版，2006）计算工程盈利能力指标（内部收益率、投资回收期、投资利税率、投资利润率、资本金利润率、财务净现值等），并与可研指标或者行业标准指标进行对比。

根据全周期财务分析，计算工程偿债能力指标（包括利息备付率、偿债备付率、资产负债率、流动比率、速动比率），评价工程偿债能力。

（3）敏感性分析

以收入（上网容量价格）和成本（工程投资）为敏感因素，设定±5%和±10%的浮动值，测算敏感因素浮动变化对项目财务效益的影响程度，并制作敏感性分析表和敏感性分析图。

2. 经济评价

统计项目投资、运行费等工程成本，以及替代燃煤火电方案电力系统变化带来的效益（含替代燃煤火电的投资、固定运行费和系统增减的燃料费等）。

根据《建设项目经济评价方法与参数》（第三版，2006）、《国家电力公司抽水蓄能电站经济评价暂行办法实施细则》等文件，计算工程盈利能力指标（经济净现值、经济内部收益率、效益费用比等），并与可研指标或者行业标准指标进行对比。

以效益（替代火电方案）和成本（工程投资）为敏感因素，设定±5％和±10％的浮动值，测算敏感因素浮动变化对项目经济效益的影响程度，并制作敏感性分析表和敏感性分析图。

（四）经营管理评价

1. 管理机构设置及职能划分评价

对项目人员、编制、机构设置、管理体系的建立情况进行总结，评价其是否合理。

2. 生产管理及研发评价

对项目人员绩效、薪酬、科技研发情况进行总结，评价其对项目的影响。

3. 经营市场环境评价

对电价制定、批复、调整及落实情况，评价其对项目的影响。

四、项目环境和社会效益评价

（一）环境效益评价

1. 环境保护评价

包括工程环境保护评价工作的开展、审查批复和执行情况，保护措施的实施及效果，监测与管理等内容。

2. 水土保持评价

包括工程水土保持评价工作的开展、审查批复和执行情况，保护措施的实施及效果，监测与管理等内容。

（二）社会效益评价

1. 对区域影响

分析项目对区域产业布局及产业结构的影响（含对交通、旅游等相关产业产生的积极作用）。

分析项目对区域经济社会发展的贡献。

分析项目为当地居民生活质量的改善和就业机会的创造所做贡献。

2. 对电力产业影响

分析项目在保障电网安全稳定运行、提升新能源消纳能力等方面的贡献。

五、项目目标和可持续性评价

（一）项目目标评价

分析和评价预设目标的正确性、合理性和科学性，评价项目立项时设定的各项目标的实现程度。主要包括管理目标评价和宏观目标评价两个方面。

1. 管理目标评价

通过对照项目立项时的目标和主要指标，检查项目实际完成情况，对项目目标和主要指标的实现程度进行评价，并分析其产生偏差的原因。主要是对项目规划选址、建设规模、工程实施、运营管理等方面的实际成果与立项阶段目标的主要指标进行对比分析，评价其目标实现程度及找出存在问题。

2. 宏观目标评价

通过考察项目结束后产生的实际效果或所呈现的客观状态与预期的吻合程度、背离或偏离情况，对项目预设的总体目标进行评价，主要包括项目对系统运行、电网发展、节能减排、新能源消纳等方面的影响，以及前期预测的财务指标与运营中实际的财务指标对比分析等。

（二）可持续性评价

项目可持续性评价主要是对影响项目在全寿命周期内持续运行的主要内部可控因素和外部不可控因素进行分析，预测影响因素在全寿命周期内的变化情况，评价项目的可持续运行能力。

1. 内在机制可持续性评价

对项目运行维护管理机构的设置情况、各项管理制度的制定和执行情况、运行和维护管理的人力资源配置情况，以及财务运营能力情况进行总结，评价是否满足项目持续运行的需求。

2. 外部环境可持续性评价

简要叙述国家宏观政策法规情况，预测项目全寿命周期政策法规变化趋势，分析不同变化趋势对项目持续运行可能产生的影响。当评价认为项目持续性存在问题时，应提出有针对性的建议。

简要叙述电力市场环境情况，预测项目全寿命周期市场环境变化趋势，分析不同趋势对项目持续运行可能产生的影响。当评价认为项目持续性存在问题时，应提出有针对性的建议。

简要叙述汇率等其他因素情况，预测项目全寿命周期因素变化趋势，分析不同趋势对项目持续运行可能产生的影响。当评价认为项目持续性存在问题时，应提出有针对性的建议。

六、结论及主要经验教训

从项目前期决策、建设实施、生产运营、效益、目标、可持续性等方面进行综合评价，得出后评价结论。总结概况项目在技术、经济、管理等方面的主要成功经验和存在的问题，提出建议和需要采取的措施。